L'AMI
DU
CULTIVATEUR.

PREMIERE PARTIE.

par M. Cliquot de Blervache
correspondant de la Société royale
d'Agriculture

ESSAI

Sur les moyens d'améliorer en France la condition des Laboureurs, des Journaliers, des hommes de peine vivant dans les Campagnes, & celle de leurs femmes & de leurs enfants.

PAR UN SAVOYARD.

Salus populi ſuprema Lex eſto.

OUVRAGE POSTHUME.

PREMIÈRE PARTIE.

A CHAMBERY.

M. DCC. LXXXIX.

se trouve chez Prault quai des augustins à Paris

Société Royale d'agriculture

AVERTISSEMENT

DE L'ÉDITEUR.

Cet Ouvrage eſt compoſé depuis pluſieurs années : j'étois étroitement lié avec l'Auteur. Les mêmes études & les mêmes gouts nous avoient réunis ; j'ai cru ne pouvoir apporter de meilleur ſoulagement à la douleur de l'avoir perdu, qu'en m'occupant de lui, & que ce ſeroit prolonger, en quelque ſorte, ſon exiſtence, en publiant un Ecrit qui honore ſa mémoire, & qui peut être en même-temps utile dans les circonſtances préſentes.

AVANT-PROPOS.

J'ÉCRIS des montagnes près de Chambery, où je cultive en paix le patrimoine de mes peres, & où je recueille le fruit des Edits bienfaisants de Charles-Emmanuel, Pere du Prince actuellement régnant.

Ce Monarque, que l'on compte, avec raison, parmi les Souverains les plus éclairés de son siecle, médita long-temps les moyens de soulager son peuple, & d'améliorer la condition des Laboureurs & des habitants des Campagnes. Il pensoit que cette portion de ses sujets est la plus précieuse & la plus utile, parce qu'elle eſt la ſource des véritables richeſſes, & par conſéquent l'inſtrument le plus néceſſaire à la force & à la proſpérité publiques.

Il chercha, avec une ſollicitude vraiment paternelle, la cauſe des émigrations nombreuſes & fréquentes qui dépeuploient ſes Provinces, & pourquoi les habitants des Campagnes quittoient leurs foyers, & les abandonnoient ſans retour. Il crut la trouver dans les funeſtes effets des Loix féodales, & il ne ſe trompa point.

Il me ſouvient encore du moment où mon pere nous ſerrant, mes freres & moi, ſur ſon ſein, nous annonça l'impoſſibilité où il étoit de pourvoir plus long-temps à notre ſubſiſtance, & la néceſſité de nous ſéparer de

lui. « Vous ne m'accuserez pas, nous
» dit-il, ni votre mere, qui nous
» arrosoit alors de ses larmes, d'épar-
» gner nos peines pour subvenir à
» vos besoins : nous avons travaillé
» toute l'année, sans relâche, à la
» culture du champ que vous mois-
» sonnez ; c'est le seul bien que nous
» possédons ; mais la récolte va s'é-
» couler de nos mains. De douze
» gerbes que notre labeur a fait croî-
» tre, il ne nous en reste qu'une.
» Comptez & voyez si ce qui nous
» appartiendra pourra vous nourrir :
» vous êtes trop jeunes pour que je
» vous explique les raisons de cet in-
» juste partage ; il suffit de vous dire
» que tel est l'effet des Loix de ce
» pays, que vous n'aurez, ni la li-
» berté de vos personnes, ni la pro-

» priété de vos champs. Fuyez une » terre qui ne récompensera jamais » vos travaux. »

Cette scene touchante, je ne l'oublierai de ma vie; il falloit me séparer d'un bon pere, d'une mere tendre : cette séparation me déchiroit. Je ne voyois qu'un avenir effrayant; mon existence devenoit un fardeau; je maudissois ces Loix barbares, je détestois mon Prince : j'osois accuser la Providence. Je m'abusois; ce n'étoit pas leur ouvrage.

Nous partimes, mes freres & moi; nous nous quittames à Lyon, où je restai. Dans les intervalles des occupations serviles auxquelles il fallut me condamner, j'étois, malgré moi, poursuivi par le désir insurmontable de connoître les cruelles institutions qui m'avoient arraché des bras paternels. Ce désir irrésistible avoit son principe dans la profonde haine qu'elles m'avoient inspirée. Je parvins, après plusieurs années, à me convaincre qu'elles avoient infecté presque toute l'Europe, & que, quoiqu'elles fussent tempérées dans le nouveau pays que j'habitois, j'étois encore environné de leurs effets destructeurs. Si elles me restituoient la propriété de ma personne, elles ne me rendoient pas celle des fonds que mon industrie pouvoit m'acquérir.

Mes recherches m'avoient appris que la double liberté à laquelle j'aspirois, & où je plaçois mon bonheur, je la trouverois en Angleterre, la seule nation qui ait su se dégager des entraves de la féodalité :

j'y paſſai, avec le petit pécule que j'avois amaſſé (1).

L'abandon où je m'étois trouvé m'avoit inſpiré l'amour du travail & de l'économie, deux agents très-utiles au Commerce; je m'y appliquai; j'acquis, en vingt années, une fortune honnête.

Un nouveau déſir s'empara de moi; il rempliſſoit toute mon ame: je me trompe; peut-être y entroit-il auſſi un peu de vanité d'annoncer à mes compatriotes le ſuccès de mes travaux, & d'envie de leur prouver l'abſurdité des Loix qui captivoient leur induſtrie. Ce déſir étoit de revoir les lieux qui m'avoient vu naître, d'embraſſer mon pere, & de preſſer mon cœur ſur le ſein qui m'avoit nourri. Je fis un voyage dans mon pays.

Ils vivoient encore, ces vieillards respectables à qui je dois le jour, & qui m'ont inspiré les principes austeres qui ont été mes guides fideles dans tout le cours de ma vie. Comme je les serrois dans mes bras! comme nos larmes se confondoient délicieusement! Dans ce doux épanchement de l'amour paternel & filial, je pardonnai presque à la nécessité qui nous avoit séparés, puisqu'elle nous procuroit un plaisir si touchant & si pur. J'avois chassé l'indigence du foyer de mes peres; j'y fis entrer l'honnête médiocrité, elle y habita constamment depuis.

Dans le court séjour que je fis en Savoie, j'eus l'honneur d'être présenté à mon Souverain. Charles-Emmanuel m'accorda un entretien, dans lequel il m'invita à réaliser ma fortune dans ses Etats. Je lui fis part des obstacles qui m'en empêchoient, obstacles qui ne pouvoient cesser que par la réforme des Loix qui m'avoient expatrié. « Vous ne connoissez donc pas, me dit ce Prince, » mon Edit de 1762, par lequel » j'ai aboli la servitude personnelle ? » Je lui répondis, avec respect, que cette Loi, qui faisoit autant d'honneur à son humanité qu'à sa sagesse, n'étoit pas suffisante pour me déterminer ; qu'elle ne procureroit aucun effet, si elle n'étoit secondée par l'affranchissement de la servitude réelle. Il me permit d'entrer dans quelques détails. Les preuves que je lui apportai, firent tant d'impression sur son esprit, capable de les apprécier, qu'il approuva mes motifs, & finit par me dire qu'il n'étoit pas encore temps : ce sont ses termes.

Ce bon Prince méditoit alors son Edit du 19 Décembre 1771. Je m'apperçus que mes réflexions coïncidoient avec son opinion sur les devoirs féodaux. Quelques années après, il le publia. J'en fus informé en Angleterre. Cette derniere Loi me décida à retourner dans ma Patrie. Depuis ce temps, j'y jouis pleinement de la liberté de ma personne, sous la sauve-garde de la Loi de 1762, & j'y cultive fructueusement un domaine que l'Edit de 1771 a rendu aussi libre que moi. Je bénis tous les jours la mémoire de Charles-Emmanuel ; son Buste est placé dans le lieu le plus apparent de mon habitation, avec cette épigraphe, l'expreſſion de ma reconnoiſſance :

Deus nobis hæc otia fecit.

Ces loiſirs, je les partage entre l'Agriculture, le ſoin de ma famille, la méditation & la lecture. Un jour que, pour me délaſſer d'un ouvrage qui m'avoit appliqué plus que de coutume, j'étois ſorti pour viſiter le travail de mes charrues, la vue des champs dont j'ai triplé le revenu, l'expérience de mon bonheur, m'inſpirerent le projet de développer les moyens qui l'avoient produit. Les réflexions que j'avois faites autrefois ſur cette matiere, ſe repréſenterent en foule. Je cherchai les notes que j'en avois conſervées, & je commençai mon travail.

Dès le premier pas, je m'apperçus

perçus que j'avois moins consulté mes forces que mon amour pour mes semblables, & ma compassion pour l'humanité souffrante. Un Laboureur, un Commerçant, est peu accoutumé à écrire : chaque page que je traçois devenoit une difficulté de plus; c'étoit trop oser : je me désespérois; puis revenant sur moi-même, je réfléchis qu'un Laboureur pouvoit cependant parler de l'Agriculture; un Négociant, du Commerce; un serf, de la servitude; un affranchi, de la liberté : que l'éloquence des faits pouvoit suppléer celle de la parole, & que la force des choses étoit plus puissante que celle des mots. Je repris courage, & je continuai mon travail.

Pour mettre quelqu'ordre dans ce

que je vais dire, je partagerai ce Mémoire en deux Parties.

Dans la premiere, je parlerai des inſtitutions féodales, que j'enviſage, d'après mon expérience, comme la premiere cauſe de la méſaiſance des Laboureurs, des Journaliers, des habitants des Campagnes, & de celle de leurs femmes & de leurs enfants. J'expoſerai ſommairement leur origine & leur établiſſement; je tâcherai de développer quelle eſt leur influence ſur l'Agriculture & ſes agents; je dirai enſuite comment on pourra l'anéantir ou en atténuer les effets.

Dans la ſeconde, j'indiquerai pluſieurs moyens ſubſidiaires que me fourniront les inconvénients réſultants des trop grandes propriétés, le partage & la miſe en valeur des communes, une plus juste répartition des impôts, une meilleure administration des corvées, la diminution ou la suppression des péages, la navigation des rivieres, l'établissement des filatures & des métiers dans les Campagnes. Mais ces moyens n'auront toute leur force que par l'activité du premier, que je considere comme le plus puissant, soit par son efficacité, soit par son universalité.

TABLE
DES CHAPITRES

Contenus dans la premiere Partie.

SECTION TROISIEME.

SECTION QUATRIEME.

Fin de la Table des Chapitres.

MÉMOIRE

MÉMOIRE

Sur les moyens d'améliorer en France la condition des Laboureurs, des Journaliers, des hommes de peine, vivant dans les campagnes, & celle de leurs femmes & de leurs enfants.

PREMIERE PARTIE.

SECTION PREMIERE.

CHAPITRE PREMIER.

Origine & établissement des Institutions féodales.

LORSQUE les Francs, les Bourguignons & les Goths conquirent les Gaules, ils partagerent les terres & les ſerfs avec les vaincus. Les conquérants, peuple nomade, avoient plus beſoin de terres que de ſerfs; les vaincus, nation agricole, avoient, au contraire, plus beſoin de ſerfs que de terres. Les premiers prirent, dans le partage, les deux tiers de la glebe & un tiers des ſerfs; les ſeconds eurent, pour leur lot, le tiers de la glebe & les deux tiers des ſerfs. Ces conventions furent conformes aux mœurs & aux uſages des deux Nations.

(a) Ces mœurs & ces uſages ſe mêlerent, mais ne ſe détruiſirent pas. On trouve encore, après la conquête, la diſtinction des trois Ordres de Citoyens qui exiſtoient avant elle : ſavoir, les Nobles, les Ingénus & les Serfs.

Les Laboureurs, les gens attachés aux Arts & aux Métiers, compoſés d'affranchis ou de leurs deſcendants, étoient encore, ſous la premiere race de vos Rois, gouver-

(a) Voyez l'Eſprit des Loix, Livre XXX, Chap. 9.

nés, comme chez les Romains, par les Villes Municipales qui avoient un territoire, une Jurisdiction, un Sénat.

Les Romains conquis ne devinrent pas serfs; les vainqueurs, au contraire, laisserent subsister leurs droits politiques & civils; les Loix saliques & ripuaires en font foi.

Les Francs n'établirent pas la servitude dans les Gaules : ils la trouverent & la laisserent telle que les Romains l'avoient établie (*a*). Cette servitude, on peut la comparer, à beaucoup d'égards, à celle qui existe actuellement en Amérique. Elle étoit cependant plus douce & moins humiliante. Le serf n'appartenoit pas à la glebe, mais à son maître, parce qu'il en avoit payé le prix. Il faisoit partie de sa famille & de son pécule. Le possesseur pouvoit le vendre, l'échanger, le détacher de son Domaine à son gré. Cette espece de servitude, il faut

(*a*) Voyez, par rapport aux esclaves Romains, Laurent Pignorius. (*De servis & eorum ministeriis Commentarius.*)

bien la distinguer de celle que le système féodal a introduite ; ce n'est pas la même (2).

Les Francs ne leverent que de légers tributs pécuniaires. Les Rois vivoient de leurs Domaines. Lorsqu'ils faisoient quelques entreprises, leurs *Leudes*, Vassaux ou compagnons les suivoient à la guerre : mais le Roi, les Ecclésiastiques, les Seigneurs & les hommes libres levoient, dans ces occasions, un cens sur leurs serfs, c'est-à-dire, sur les personnes qui faisoient partie & dépendoient de leur famille ou de leur maison. Ce cens étoit un tribut particulier & privé, & non pas une charge publique; il consistoit en un certain nombre de chevaux, de charriots, en une certaine quantité de denrées, &c. Cependant il étoit au profit de la chose publique, puisque les Chefs de maison, *patres familias* ne le levoient que pour l'employer au service de l'Etat (*a*).

Les Souverains récompensoient, après

(*a*) Voyez l'Esprit des Loix, Livre XXX, Chap. XIII, XIV & XV.

leurs expéditions militaires, ceux qui les avoient ſervis avec plus d'éclat. La Nation n'étoit pas chargée de leur reconnoiſſance. Ils détachoient de leurs Domaines ou de leurs conquêtes, des Fiefs, des Fiſcs, ou des Biens Fiſcaux, car c'eſt la même choſe, & les leur cédoient pour une ou pluſieurs années, proportionnément aux ſervices qu'ils en avoient reçus; ils avoient encore d'autres moyens de les récompenſer. Ils leur confioient ſous le titre de Comte, de Duc, ou de Gouverneur, l'adminiſtration d'une Ville ou d'une Province, avec les droits attachés à ces offices; droits qui conſiſtoient dans la perception de certaines redevances en nature deſtinées à leur entretien.

Tant que vos Rois n'ont cédé que pour un temps limité, une partie de leurs biens fiſcaux, tant que les Comtes, les Ducs & les Gouverneurs ont été amovibles, la Puiſſance ſouveraine ſubſiſta dans ſon intégrité. On n'apperçoit aucune trace d'inſtitutions féodales. Il y avoit, il eſt vrai, des Fiefs précaires ou des bénéfices sortis pour un temps de la main du Prince, mais point de système féodal.

Les descendants de Clovis eurent la condescendance de perpétuer les Comtes, les Ducs & les Gouverneurs dans leurs Offices & les *Leudes* dans leurs Bénéfices. Ils leur permirent d'abord de les posséder à vie : ceux-ci plus entreprenants, en demanderent la transmission à leurs enfants, & enfin l'hérédité. (3) Les Princes appauvris par ces démembrements, & plus encore par leur indiscrete générosité en faveur des Eglises, ne furent plus assez puissants pour s'opposer à leurs prétentions (*a*). Leurs Domaines en furent dépouillés pour toujours.

Ceci arriva sous la premiere race, & s'accrut encore sur la fin de la seconde. A cette derniere époque, on vit s'élever la Monarchie féodale sur la Monarchie po-

(*a*) *Aiebat enim* (*Chilpericus*) *plerumque : ecce pauper remansit fiscus noster : ecce divitiæ nostræ ad Ecclesias sunt translatæ; nulli penitùs, nisi Episcopi regnant : periit honor noster, & translatus est ad Episcopos civitatum.* (Vid. Greg. Turon. Lib. VI, Cap. 46.)

litique. Charlemagne en suspendit les effets; mais si la Couronne reprit toute sa splendeur sous son regne, ce ne fut que par la force de son génie, & par l'éclat de ses talents extraordinaires : les causes qui l'avoient affoiblie, existoient toujours. Le partage qu'il fit de son empire, la foiblesse de son successeur, l'attentat inoui des Evêques qui oserent le dégrader, l'avilissement qu'ils imprimerent à l'autorité royale, l'énorme pouvoir des grands Vassaux, porterent enfin le dernier coup à la Monarchie politique.

Le partage du Royaume entre les enfants de la premiere & de la seconde dynastie, portoit le germe de leur destruction. Il devoit faire naître des préférences, des jalousies, des intérêts divers, des guerres civiles: c'est ce qui est arrivé; c'est ce que l'histoire nous confirme à chaque page.

J'ai déja dit que les Francs en entrant dans les Gaules, n'avoient pas réduit les Romains en servitude; mais ce que ne fit pas la conquête, le droit des gens qui s'établit après la conquête, le fit. La résistance, la révolte, la prise des Villes & des Châteaux, emporterent avec elles la servitude des habitants. Les divisions fréquentes entre les freres, les oncles & les neveux, dans lesquelles ce droit fut toujours exercé, rendirent les servitudes plus communes. Elles devinrent si générales dans le cours de ces querelles interminables, qu'au commencement de la troisieme race, on ne trouve plus dans les campagnes que des Seigneurs & des serfs.

CHAPITRE SECOND.

Des Institutions féodales.

LES Fiefs devenus héréditaires portoient le droit de Jurisdiction dans les mains de ceux qui les possédoient. La justice fut un droit inhérent aux Fiefs. C'est pour cela que vous avez reconnu, dans tous les temps, que les Justices sont patrimoniales en France (4).

On doit considérer les Fiefs, à cette époque, sous deux aspects différents. Le Fief, considéré comme une obligation militaire, tenoit au droit public, & par conséquent à l'Administration générale. Par ce lien, il étoit encore, en quelque sorte, sous l'autorité du Prince. Considéré comme un genre de bien & de propriété, il tenoit au droit civil : mais l'inhérence de la Jurisdiction aux Fiefs donna une grande influence aux Seigneurs féodaux sur le droit civil qu'ils défigurerent. Ils s'arrogerent le privilege de faire des Ordonnances & des dispositions particulieres dans leurs Domaines (*a*). Cette usurpation fut imitée par leurs Vassaux & par leurs arriere-Vassaux. Delà la multiplicité, l'incohérence & la contradiction de vos Coutumes (5).

Ce nouvel état des choses fut produit principalement par la puissance du Clergé, & par la part qu'il eut dans les affaires publiques. Il demandoit & obtenoit, à chaque avénement des Princes à la Couronne, la confirmation des dons qu'il avoit reçus de leurs prédécesseurs, sous le nom d'immunité ou de franche-aumône. Le Sacerdoce, craignant que les Rois ne revinssent un

(*a*) Par exemple les terres saliques n'étoient originairement que des alleux, des terres franches, & non des Fiefs. Les filles pouvoient les posséder en certains cas. Cette disposition du droit des Francs subsista encore long-temps après la conquête. Mais après l'établissement des Fiefs & des institutions féodales, on mit des bornes à la succession des femmes & aux dispositions de la loi salique, relativement à ces terres, par cela même qu'elles avoient été dénaturées & converties en Fiefs. (*Voyez l'Esprit des Loix, Livre XVIII, Chap. XXII.*)

jour ſur leurs pas, imagina de leur faire jurer, avant de répandre ſur eux l'Onction ſainte, le renouvellement de ces immunités.

Cette confirmation fait encore aujourd'hui la partie la plus conſidérable de la formule de leur ſerment. Le devoir des Rois envers le peuple n'y entre preſque pour rien (*a*).

Lorſqu'on voudra chercher la cauſe de la ſervitude féodale, on verra que c'eſt que l'on a tranſporté au gouvernement civil les principes du régime ſacerdotal ; on verra que c'eſt parce que la raiſon a été aſſervie, que le corps eſt devenu ſerf. L'eſclavage de l'une a produit la ſervitude de l'autre : cette génération, fécondée par l'ignorance & l'abrutiſſement, a été prompte. A peine les Evêques eurent-ils établi ſolidement leur domination ſur la liberté de l'eſprit, que les Seigneurs établirent leur empire ſur la liberté du corps. Ouvrez les faſtes de toutes les Nations, vous trouve-

(*a*) Voyez l'Hiſtoire des Sacres.

rez cette vérité attestée par une foule de preuves (6). Dès que la propriété de penser disparut, la propriété de soi & des biens s'éclipsa.

Les Seigneurs Ecclésiastiques & Laïques s'emparerent de toutes les terres, s'en déclarerent les propriétaires, & se firent les héritiers de leurs serfs. Le peuple gémit alors sous un despotisme d'autant plus dur, qu'il ne résidoit pas dans la main d'un seul. Il étoit tout-à-la fois collectif & partiel. Les serfs étoient assujettis, par la double servitude dont je vais parler, à autant de volontés, de caprices & de fantaisies qu'il y avoit de Seigneurs. Delà la bisarrerie & la disparité des devoirs féodaux, dont la seule nomenclature est effrayante.

La diminution de l'autorité légitime, fut l'échelle de l'agrandissement des Vassaux & de la misere publique; l'accroissement du systême féodal en fut la mesure : des Loix tyranniques consacrerent bientôt ses usurpations.

L'arbre destructeur de la féodalité s'élevoit; il poussoit, dans l'anarchie, des racines profondes : lorsqu'il fut assez vigoureux pour se soutenir par ses propres forces, il produisit ses principes désastreux, fruits amers, qui rongent & qui corrodent encore le corps politique; enfin il étendit deux branches principales qui étoufferent toutes les plantes utiles que son ombre malfaisante put atteindre. Ces deux branches sont la servitude personnelle & la servitude réelle : l'une plus humiliante, & l'autre plus décourageante.

CHAPITRE TROISIEME.

De la servitude personnelle.

Au commencement de la troisieme race, tout le peuple étoit serf. La France n'étoit plus qu'un bagne d'esclaves.

Les serfs étoient obligés de servir de leur corps. Ils ne pouvoient disposer de leurs personnes, ni quitter leur domicile, ni se faire Ecclésiastique ou Religieux, ni se marier qu'avec le consentement de leur Seigneur. Attachés à la glebe, il les comprenoit, comme les bestiaux, dans l'aliénation qu'il en faisoit. Dégradé dans sa dignité, le peuple François n'étoit plus qu'un vil troupeau, dont le Seigneur disposoit à son gré. Le serf osoit-il, dans son désespoir, se soustraire aux mauvais traitements de son maître, & fuir dans une autre contrée? celui-ci avoit sur lui le droit de suite. L'infortuné échappoit-il à ses recherches ? il n'étoit pas plus libre ; une autre chaîne l'attendoit. La terre où il avoit trouvé un asyle, le saisissoit ; il devenoit l'homme du Fief (7). Privé de tous les droits civils, mort pour lui, ne vivant que pour autrui, le serf ne pouvoit naître, travailler & mourir qu'au profit de son Seigneur. L'humiliation fut portée à un tel excès, que dans vos Loix criminelles c'étoit un principe généralement reconnu, que le *vilain* devoit être puni en son corps, parce qu'il étoit censé n'avoir pas d'honneur (*a*).

Loix cruelles, qui, outrageant la nature, rabaissoient l'homme au rang des bêtes, & dépouilloient la plus nombreuse partie de la Nation du droit de Citoyens : Loix absurdes, qui, vouant à l'ignominie cette portion infortunée, ne lui présumoient aucun sentiment d'honneur, dans une Monarchie dont l'honneur est le principe : Loix barbares enfin, qui privoient l'Etat

(*a*) Voyez Pierre Desfontaines, Chap. XVIII, sur-tout l'article XXII, & l'Esprit des Loix, Liv. VI, Chap X.

de plus de la moitié de sa force morale, civile & politique (8).

Cependant, au milieu de la confusion & de l'anarchie, on imagina, pour rappeller insensiblement l'ordre & la subordination, de lier tout le systême féodal par une chaîne hiérarchique. La Couronne fut considérée comme le grand Fief, comme le Fief suprême auquel tous les autres devoient aboutir comme à leur centre commun; c'est ce que l'on appella Suzeraineté. La suzeraineté politique fut modelée sur la suzeraineté spirituelle & Ecclésiastique. Ce nouveau rapport qui unissoit au trône toutes les Seigneuries par des dégrés plus ou moins rapprochés, fut un puissant moyen dans la main de vos Rois, comme il le fut dans le même temps dans celle des Pontifes, avec cette différence cependant que les Princes François l'employerent pour recouvrer leur dignité & les droits de leur Couronne, & que les Papes s'en servirent pour usurper un nouveau pouvoir sur la puissance séculiere & sur la jurisdiction des Evêques.

L'exercice

L'exercice de cette ſuprématie aida merveilleuſement les Rois de France à reprendre l'autorité dont les Seigneurs s'étoient emparés. Louis le Gros, ſecondé par des Miniſtres habiles (*a*), rendit quelque luſtre à la Couronne, éclipſée par les grands Fiefs, & prépara de nouvelles reſſources à ſes ſucceſſeurs. Il établit les Communes, il affranchit les ſerfs, & diminua le trop grand pouvoir des Juſtices ſeigneuriales (9).

Une autre cauſe ſeconda efficacement les efforts de vos Souverains. L'orgueil d'un Hermite la fit naître, & l'éloquence de ſaint Bernard la renforça de tout l'aſcendant qu'elle lui avoit acquis. Ils échaufferent ſucceſſivement les eſprits pour la conquête de la Terre-ſainte. Vos Rois montrerent la plus profonde politique, en ne s'oppoſant pas à ce fanatiſme religieux qui s'empara de leurs vaſſaux pendant près de deux ſie-

(*a*) L'Abbé Suger & les quatre freres Garlande, noms chers à la liberté, & qu'on ne ſauroit trop rappeller à la reconnoiſſance du peuple François.

cles. Ces saintes expéditions occupoient, hors du Royaume, leur courage & leur humeur inquiete. Heureux, ils devoient faire des établissements éloignés qui les en délivreroient : malheureux, leur pouvoir devoit s'affoiblir. L'expérience confirma la justesse de leurs combinaisons. Ces guerres furent malheureuses. Le plus grand nombre des Croisés ne rapporta des saints lieux que de hauts faits à raconter, & de grosses dettes à payer. Ils furent obligés de vendre une partie de leurs Domaines. L'autorité saisit cette occasion pour permettre aux roturiers d'acquérir des biens nobles ; ce dernier trait de politique atténua les trop grands pouvoirs. L'effet successif de cette permission fit rentrer peu-à-peu la police générale dans la main du Prince, & les biens-fonds dans la main du peuple (10).

Les affranchissements devinrent plus communs à mesure que la Puissance royale reprit son autorité. Louis VIII imita ses prédécesseurs. Blanche, sa veuve, l'une de vos plus grandes Reines, & mere d'un de vos plus grands Rois, signala sa régence par cet acte d'humanité (11). Son exemple fut imité, & se multiplia tellement dans la suite, que tous vos Rois exerçoient ce pouvoir à leur avénement au Trône (*a*).

Comme la servitude personnelle fut le fruit de l'anarchie, l'affranchissement fut l'ouvrage du rétablissement de l'ordre. Louis XVI vient enfin de donner la derniere sanction à l'affranchissement des serfs dans ses Domaines par son Edit de 1779. Charles-Emmanuel l'avoit précédé dans l'exercice de cette bienfaisance. Il y a cependant cette différence entre ces deux Princes, que Charles a usé de son pouvoir avec plus de plénitude.

Quoiqu'il y ait encore quelques Provin-

(*a*) C'est par cette raison, sans doute, que, dans la cérémonie du Sacre de vos Rois, on donnoit la liberté à des oiseaux, comme le symbole de celle qu'ils accordoient aux serfs. Cet usage est encore pratiqué aujourd'hui. L'Eglise lâchoit aussi des oiseaux dans les Temples, la nuit de Noël, pour annoncer la venue du Messie : c'étoit le signe de la rédemption. Le mot Noël, pris dans ce sens, devint le cri de joie du peuple, lorsque les Rois faisoient leur entrée dans les Villes.

ces en France où l'on trouve des vestiges de la servitude personnelle (*a*), je la considere néanmoins comme absolument abolie dans ce Royaume. L'exemple & l'usage y avoient heureusement précédé l'Edit de Louis XVI. L'effet étoit opéré, il n'a fait que le confirmer. Puisse-t-il être le présage d'une seconde Loi sans laquelle la premiere est illusoire! Car telle dure que soit la servitude personnelle, elle est cependant beaucoup moins nuisible à l'Agriculture, au bonheur individuel des habitants des campagnes, & beaucoup moins décourageante que la servitude réelle.

(*a*) On prétend qu'il y a encore en Franche-Comté & en Bourgogne environ 12000 serfs dépendants de quelques Chapitres ou Monasteres. Ce n'est pas dans les domaines des Seigneurs Ecclésiastiques qu'on devroit trouver encore les restes de cette barbare institution ; mais il ne faut peut-être pas les en blâmer trop rigoureusement : on sait que les Corps, les Compagnies, & sur-tout les Chapitres, conservent leurs usages plus opiniâtrément que les particuliers. A bien d'autres égards ce n'est pas un mal. Cette constance a laissé bien des traces de nos Loix & de nos mœurs anciennes.

CHAPITRE QUATRIEME.

De la servitude réelle.

LORSQUE le Clergé, sur la fin de la seconde race, eut obtenu la perpétuité des dons qu'il avoit reçus des Souverains ; lorsque les Comtes, les Ducs & les Gouverneurs eurent obtenu l'hérédité des biens fiscaux dont ils n'étoient que les Administrateurs, ils envahirent pour eux-mêmes les droits qui n'étoient dus qu'à leurs offices. Le fisc national en fut dépouillé ; & ces droits, destinés à l'administration & à la défense de l'Etat, passerent entre leurs mains comme des droits acquis à leurs Domaines. Les plus puissants s'arrogerent toutes les prérogatives de la souveraineté & le droit de faire la guerre. De sorte que les tributs que le peuple payoit autrefois aux Rois pour la sureté & le gouvernement de la Nation, détournés par les grands vaſſaux à leur profit, ne ſervoient plus qu'à s'armer contre elle-même. Tels furent, pendant pluſieurs ſiecles, les déplorables effets du ſyſtême féodal. Mais lorſque vos Princes eurent enfin recouvré, par les moyens dont j'ai parlé, une partie de leur autorité; lorſqu'ils furent parvenus à dépouiller ſucceſſivement les Seigneurs du droit de faire la guerre, & d'impoſer la taille ſur leurs vaſſaux; lorſqu'enfin ils eurent affranchi la plus grande partie des ſerfs, les Seigneurs ſubſtituerent à la taille, aux devoirs & aux ſervices perſonnels, des droits non moins accablants. Le vaſſelage fut conſidéré alors comme un rapport entre les poſſeſſions, & non entre les perſonnes. La glebe devint ſerve : delà le relief, le rachat, les lods & ventes, & cette innombrable ſuite de ſervitudes réelles qui rendent la condition des Laboureurs & des habitants des Campagnes plus dure & plus décourageante qu'elle n'étoit ſous les entraves de la ſervitude perſonnelle.

Les ſerfs n'avoient pas été affranchis gratuitement. Vos Rois ont quelquefois même envisagé l'affranchissement comme une ressource de Finance (*a*). Ils avoient permis aussi à leurs vassaux de mettre un prix à la liberté qu'ils accordoient à leurs serfs. Les Seigneurs qui, comme je l'ai déja dit, s'étoient déclarés, dans les temps d'anarchie, les propriétaires de toutes les personnes & de toutes les terres, s'étoient dessaisis d'autant plus facilement de la propriété de la personne, qu'ils la faisoient acheter à des titres très-onéreux, & qu'ils remplaçoient sur la glebe ce qu'ils perdoient sur la personne. Ils y trouverent encore le double avantage de se débarrasser du soin de faire cultiver directement leurs terres par leurs serfs, & de se dégager de tout risque de casualité, parce qu'ils cédoient ces terres, moyennant des droits pour le recouvre-

(*a*) Louis Hutin, ayant besoin d'argent pour continuer la guerre contre le Comte de Flandre, força les serfs de ses domaines, qui étoient en grand nombre, à racheter, malgré eux, leur liberté, au prix des effets mobiliers dont on permettoit, dans ce temps-là, aux serfs de disposer. (*Voyez le Président Hainaut.*)

ment desquels, non-seulement la personne & les biens du vassal répondoient, mais encore la glebe; garantie impérissable, parce que ces droits la suivoient toujours, quels qu'en fussent les propriétaires.

La personne ne fut pas entiérement dégagée, & la glebe fut surchargée : delà la servitude mixte. Il résulta de ce nouvel ordre, que la personne resta sujette à la Foi & Hommage, à l'aveu & dénombrement, à la reconnoissance au terrier, à l'assistance aux plaids généraux, aux corvées, aux amendes, à la bannalité, &c.... & que les biens furent assujettis aux droits de cens, surcens, chefcens, lods & ventes, relief, rachat, dîme, champart, retrait & saisie féodale, &c. &c.

Il est évident que, dans ce dernier état des choses encore existant en France, il n'y a aucune propriété pleine & absolue, ni de la personne, ni des terres, & que les Seigneurs sont tous copropriétaires, sous ces deux rapports, non-seulement relativement aux individus & aux biens non-nobles, mais encore relativement à leurs personnes & à leurs propres possessions. Ils n'ont entr'eux aucune propriété, aucune liberté absolue : ils sont dépendants les uns des autres par le lien de la suzeraineté, & leur dépendance, avant d'arriver à la souveraineté de la Couronne, a parcouru des dégrés aussi multipliés que superflus : dégrés très-onéreux & très-dispendieux, lors des mutations.

Lorsque les propriétaires des Fiefs voudront examiner avec attention & sans préjugés la nature & les effets du systême féodal, même par rapport à leurs intérêts, ils verront qu'il n'est pas plus avantageux à eux-mêmes qu'il est défavorable au peuple. Il y a donc réellement deux sortes de copropriétés féodales : la premiere, dans le rapport des Seigneurs entr'eux ; la seconde, dans le rapport des Seigneurs avec le peuple. Je ne considérerai que cette derniere, & j'observerai qu'elle oppose le plus grand obstacle à la meilleure culture. C'est elle qui eſt la cauſe principale de la miſere des Cultivateurs & des habitants des campagnes ; c'eſt elle qui étouffe toute induſtrie, toute émulation, parce qu'elle ſeroit toute au profit des Seigneurs ; c'eſt cette fatale copropriété qui a été abolie en Angleterre avec tant de ſuccès, & que Charles-Emmanuel a permis de racheter dans ſes Etats par ſon Edit de 1771.

SECONDE SECTION.

CHAPITRE PREMIER.

De l'influence des droits féodaux sur l'Agriculture & sur la condition des Laboureurs & des habitants des Campagnes.

TOUTE copropriété est nuisible à la culture. C'est une maxime avouée par le raisonnement & par l'expérience. « De biens » communs on ne fait pas monceau, dit » Loiseau. » (*Instit. Liv.* 3.) La copropriété des Seigneurs est représentée sous cent dénominations différentes, suivant la diversité des Coutumes. Il seroit trop long d'en faire ici l'énumération; il suffit de répéter qu'elle est connue sous les noms principaux de cens, surcens, chefcens, rente, relief, rachat, lods & vente, dîme, champart, bannalité, &c.... Cette copropriété, qui rassemble presque tous ces droits à la fois dans la main des Seigneurs, attaque, par autant d'effets destructeurs, le travail & l'industrie du Cultivateur, en admettant à un partage injuste & disproportionné celui qui n'a partagé, ni les mises, ni le labeur.

Pour donner une idée de la misere où les institutions féodales ont réduit les Laboureurs & les habitants des campagnes, il ne faut que considérer le nombre des copropriétaires qui viennent partager le fruit de leurs travaux. A peine ont-ils obtenu la permission de vendanger leur vigne ou de moissonner leur champ, que le Bailleur, le Seigneur du Fief, le Seigneur suzerain, le Décimateur, le Pasteur, &c. &c. réclament leur partage dans la récolte. Viennent ensuite les Collecteurs des droits royaux exiger la taille, l'industrie, la capitation, les vingtiemes, sans compter la gabelle, le tabac, les aides, &c. &c.

De toutes ces levées successives faites sur le produit des sueurs de l'infortuné Cultivateur, il résulte que, de douze gerbes que son industrie a fait naître, il ne lui en reste qu'une pour sa subsistance. Affreux résultat, qui m'a arraché des bras paternels, & qui m'a fait fuir des lieux où le travail est découragé & condamné à une éternelle indigence.

Les entrailles sont émues à la vue d'un tableau si affligeant; cependant il n'est pas chargé. C'étoit la dure condition de mon pere : c'est encore celle où gémissent vos Laboureurs en France.

On auroit peine à me croire, si je n'en administrois la preuve : je la trouve consignée dans le Procès-verbal de la Haute-Guienne. Les Citoyens respectables qui la composent, reconnoissent que l'énormité des droits que le systême féodal a mis dans la main des Seigneurs, sans cependant en improuver l'institution, porte le plus grand préjudice à l'Agriculture. Il résulte de leur exposé, que, par l'effet du droit de champart seul, réuni aux impositions royales, de douze gerbes que la culture a produites, il n'en reste qu'une au Cultivateur. Voici copie de leur Délibération du 13 Octobre 1780.

« Nos premiers regards (dit le Bureau des affaires extraordinaires & du bien public) se sont portés vers l'Agriculture: elle » éprouve des entraves nuisibles à tout le » monde, sans être avantageuse à personne; » & nous avons eu la satisfaction de trouver, dans cette Province, les moyens d'y » remédier.

» M. le Baron de la Guêpie, Membre » de cette Assemblée, & quelques autres » Seigneurs, persuadés depuis long-temps » que les redevances qu'ils possédoient à » titre de champart, nuisoient infiniment à » l'Agriculture, se sont déterminés à les » inféoder à leurs vassaux, moyennant une » rente fixe & équivalente en grains. De» puis cette époque les terres ont été mieux » cultivées, le revenu des Seigneurs a été » plus assuré, & le Colon plus heureux.

» L'Etat a gagné par cet accroissement de
» richesses, & nous pensons, Messieurs,
» qu'il est de l'intérêt du Roi de favoriser
» les inféodations qui pourront être faites
» par les Seigneurs qui sont dans le même
» cas.

« Il ne sera pas difficile de faire sentir
» au Gouvernement la légitimité de la
» grace que nous lui demandons. Les terres
» soumises au droit de champart sont con-
» damnées à la stérilité par la nature même
» de l'institution des champarts : dans quel-
» ques-unes de cette espece, sur douze
» gerbes, le Seigneur en retire trois, le
» Décimateur une, les impositions en ab-
» sorbent deux au moins, il faut distraire
» de celles qui restent deux pour la se-
» mence, & trois pour les frais de cul-
» ture. Il en reste donc une pour le Pro-
» priétaire, dont les travaux ne peuvent
» augmenter le revenu que dans une pro-
» portion décourageante. Pouvons-nous
» douter, Messieurs, que le Roi ne favo-
» rise des opérations qui pourront dimi-

» nuer l'influence des droits aussi nuisibles » à l'Agriculture? (a) »

Cet aveu formel est un témoignage précieux de l'effet des droits féodaux sur l'agriculture & ses agents, puisqu'il est donné par les Propriétaires même de ces droits. On peut ajouter, à ce témoignage, une preuve également irrécusable du peu de profit que le Cultivateur retire de son labeur dans une autre de vos Provinces.

Lorsque M. Turgot, qui depuis a été Contrôleur-Général de vos Finances, administroit la Généralité de Limoges, il avoit reconnu, & s'étoit fait un devoir de démontrer au Gouvernement, que, dans une grande partie de cette Province, la terre ne donnoit de revenu que pour la dîme, l'impôt & le droit des Seigneurs, & que le Propriétaire roturier ne tiroit

(a) L'Assemblée de la Haute-Guienne propose, pour remédier au dommage que cause l'institution des champarts, de les inféoder moyennant une rente fixe & équivalente en grains : mais ce remede n'est qu'un palliatif. Il n'y a que la propriété libre qui puisse faire cesser ce mal, comme on le verra dans la suite de ce Mémoire.

rien

rien du ſol, ni de ſa culture que les intérêts de ſes avances d'exploitation, en beſtiaux, inſtruments, ſemences & nourriture des colons. Ce fait eſt conſigné dans ſes Mémoires. (*Voyez premiere Partie, p. 93 & 94.*)

CHAPITRE SECOND.

Suite de l'influence des droits féodaux sur l'Agriculture.

CEPENDANT cette gerbe unique, échappée aux mains de tant de copartageants, n'est pas encore libre dans celles du malheureux Cultivateur. Le coin de terre qu'il habite, la chétive cabane qui le couvre, doivent une rente à son Seigneur. Celui-ci, après lui avoir fait si chérement acheter le produit de son travail, lui fait encore payer son repos & son abri. Ce n'est pas assez de lui avoir presqu'interdit l'usage de la terre & de ses fruits, de la terre qui l'a reçu à sa naissance, de la terre que ses bras ont fécondée, il lui fait encore payer l'usage des autres éléments; l'air, le feu & l'eau sont mis à prix.

Le grain que renferme cette gerbe unique déja atténuée, ne peut procurer la ſubſiſtance au colon infortuné qu'après qu'il a été réduit en farine. Le Seigneur, à cette époque, le force de le faire moudre à ſes moulins; il taxe l'air ou l'eau qui les fait mouvoir. Cette farine n'a pas encore reçu l'apprêt qui doit la rendre propre à la nourriture, il faut la réduire en pâte; il faut une cuiſſon pour la convertir en pain. Le Seigneur à cette ſeconde époque, contraint ſon vaſſal à ſe ſervir de ſon four; il impoſe un droit ſur le feu que le vaſſal eſt obligé de payer, ſous peine de mourir de faim. (12)

Seigneurs copropriétaires, vous tourmentez ſon exiſtence par toutes les inventions vexatoires : un puits, une fontaine, une citerne contiennent des eaux pour le déſaltérer; vous levez un tribut ſur ſa ſoif, comme vous l'avez fait ſur ſa faim. Une riviere ſépare ſon champ de ſon habitation, vous lui faites payer le paſſage pour le cultiver. Elle offre ſon cours pour le flottage de ſes bois ou le tranſport de ſes denrées, vous taxez ce bienfait de la nature. Le raiſin de ſa vigne eſt parvenu à un dégré de maturité utile, vous ne permettez de le couper que trop tôt ou trop tard; il perd, par votre caprice ou par votre biſarrerie, tout le fruit de ſon travail. Il ne peut tranſporter ſa vendange, qu'après avoir payé, au pied de la vigne, la rente ou la dîme; il ne peut en extraire la liqueur, que par le mouvement de vos preſſoirs que vous lui faites acheter; il ne peut l'enfermer dans des tonneaux, qu'en payant le droit *d'afforage;* il ne peut la faire ſortir de ſon cellier, qu'en payant le droit de vente. Le bois qui croît ou meurt à ſon profit, il ne peut le recueillir dans ſon foyer, qu'en payant le droit de *porterage.* Sa terre eſt enſemencée, il eſt condamné à la voir dévorer, ſans ſe plaindre, par des animaux plus libres que lui. Vous chaſſez pour votre amuſement ou votre utilité, vous renverſez ſes guérets ou vous foulez ſes empouilles, & par un nouveau genre d'exaction, vous l'obligez encore à nourrir les chiens qui dévastent sa récolte (*a*). Ses prés sont en état de recevoir la faux, vous ne lui permettez de les couper que dans un temps dommageable. Vous opprimez des hommes pour des daims ou des perdrix; vous moissonnez votre champ, vous vendangez votre vigne, vous voiturez vos récoltes avec les bras ou les bestiaux de votre malheureux vassal, par les corvées que vous exigez (*b*). Ses soins assidus ont fécondé sa basse-cour, ses étables, ses bergeries; vous venez partager ses peines & ses dépenses par la dîme du sang : il porte son bled au marché pour le convertir en argent & s'acquitter envers vous; vous lui faites payer un droit de hallage. La nécessité où tous vos droits l'ont réduit, le force à vendre son champ; vous venez prélever un douzieme

(*a*) Ce droit inique est exercé en quelques endroits par les Seigneurs sur leurs vassaux. L'Empereur vient de le supprimer par un Décret du 22 Août 1785.

(*b*) Quelques Seigneurs ont levé un droit sur les terres mêmes dépouillées du grain, qu'on a appellé droit d'*éteules* ou d'*étoublage*, qu'ils ont converti depuis en quelques deniers d'argent. On le voit établi dès 1262.

ou un quinzieme de ſa valeur. (13) Vous levez un tribut ſur l'oppreſſion même; vous..... Je m'arrête, mon ſang bouillonne, mon cœur ſe gonfle d'amertume, la plume me tombe des mains en traçant ce tableau. Qu'aviez-vous encore à faire, ſinon de taxer l'air qu'il reſpire & le jour qui l'éclaire; & à la honte de l'humanité, on pourroit en citer des exemples. (*a*)

Tel eſt l'état malheureux où gémiſſent vos laboureurs & les habitants de vos campagnes; tels ſont les déplorables effets des inſtitutions féodales.

Soit que vous les conſidériez dans la ſervitude perſonnelle; ſoit que vous les envifagiez dans la ſervitude réelle, elles contrarient également la loi naturelle, la

---

(*a*) On dit qu'Anaſtaſe, Empereur de Conſtantinople, porta juſqu'à cet excès la cruauté, & qu'il mit un impôt ſur l'air, *ut quiſque pro hauſtu aëris penderet.* (Voyez l'Eſprit des Loix, Liv. XII, Chap. XVI.)

On a dit que les Comtes de Champagne vendoient l'air; cela étoit vrai à quelques égards. Ils avoient fixé la hauteur des maiſons qui entouroient leur Château; lorſqu'ils avoient beſoin d'argent, ils vendoient la permiſſion de les élever en proportion de la ſomme qu'ils impoſoient: c'eſt ce qu'on appelloit droit d'*étage* & de *faitage*.

loi civile & politique. (*a*) Elles portent le caractere de leur source impure, c'est-à-dire, de la violence sur les individus, & de l'usurpation sur l'autorité légitime.

La servitude personnelle contrarie la nature & l'ordre de la Providence : car quelles que soient les loix inhumaines qui aient réduit l'homme à l'esclavage, il n'en est pas moins vrai que le Créateur l'a fait naître libre. L'homme n'a pu renoncer que par la force à cette prérogative imprescriptible. La voix qui la réclame sans cesse au fond de son cœur, ne peut être étouffée que par la misere ou la présence d'un besoin pressant. Forcé à contracter un engagement contre sa liberté, il conserve toujours l'espoir de la recouvrer un jour par le fruit de son travail. L'homme, dans l'état de nature, tend au repos; l'homme, dans l'état civil, ne travaille que pour l'obtenir; & si quelqu'institution

(*a*) Florentinus, disciple de Papinien, définit ainsi la servitude personnelle : *Servitus est constitutio juris gentium, quâ quis dominio alieno contra naturam subjicitur.* Ulpien dit aussi : *Cum jure naturali omnes liberi nascerentur quo ad jus naturale omnes æquales sunt.*

contrarie ce vœu raiſonnable, elle tarit la ſource de la proſpérité publique; elle choque le principe & le but des loix ſociales & politiques; elle réduit au déſeſpoir le Citoyen dont elle doit flatter l'eſpérance. Telle eſt entre le nombre de vos loix barbares que je pourrois citer, l'inſtitution du cens & de toutes les rentes ou redevances non rachetables qui perpétuent à jamais l'eſclavage de la glebe. L'homme, ſous l'empire de la féodalité, eſt triſtement courbé vers la terre; il ne la cultive qu'à regret, parce qu'il la moiſſonnera éternellement pour autrui. Il voit, en gémiſſant, croître autour de lui, des enfants, dont la nourriture & l'entretien vont augmenter le poids de ſes peines, des enfants pour leſquels il n'apperçoit, dans l'avenir, que le ſort malheureux auquel il eſt condamné: triſte préſage qui l'afflige & qui le réduit à tromper le vœu de la nature. La double ſervitude eſt enfin contraire à la juſtice, parce qu'elle eſt le fruit de la violence, & que dans le contrat involontaire qui l'a établie, tout l'avantage est d'un côté & toute la charge de l'autre; tout le bénéfice est pour le fort, toute la peine pour le foible. Condition léonine, qui en prononce la nullité. (14) Regle générale : la liberté produit, la servitude détruit. Remarquez que les terres ne sont pas cultivées en raison de leur fertilité, mais en raison de la liberté accordée par les loix aux personnes & aux choses. Comparez l'état de l'Agriculture dans la Russie, dans la Pologne & dans la partie de l'Europe soumise au despotisme, avec l'état de l'Agriculture de l'Angleterre, de la Suisse, de la Hollande, de l'ancienne Grece & de la Palestine, & vous vous convaincrez que la mesure de sa prospérité est celle de la liberté dont elle jouit. Là, vous ne voyez que langueur, pauvreté, paresse, indifférence; ici, vous ne rencontrez qu'aisance, travail, émulation, jouissance. Affranchissez les personnes, rendez les propriétés libres, admettez le peuple au rachat de la copropriété seigneuriale, l'homme reprendra ſa premiere dignité. Régenéré, pour ainſi dire, par la poſſeſſion & la liberté, il cultivera gaiement ſon champ, & reviendra plus gaiement encore ſe délaſſer le ſoir du fardeau du jour, avec ſa femme & ſes enfants qui l'ont partagé. La ſcene changera tous les jours, tous les moments ſeront conſacrés à la meilleure culture; plus d'indifférence; plus de négligence, plus de perte de temps. Il déſirera que le Ciel, béniſſant ſon ménage, lui accorde une nombreuſe famille, pour avoir plus de compagnons de ſes travaux; & ce qui auroit fait autrefois l'objet de ſon déſeſpoir, deviendra celui de ſes vœux. Quelle conquête pour les mœurs & pour le bonheur de l'humanité!

CHAPITRE TROISIEME.

De l'influence des institutions féodales sur les mœurs.

DEUX causes principales operent la corruption des mœurs, l'extrême misere & l'extrême opulence ; la vertu n'habite qu'avec la médiocrité. Or, ces deux causes, on les trouve dans les institutions féodales ; tous les biens d'un côté, tous les maux de l'autre. Comment le peuple, doublement pressé par le droit des Seigneurs & par l'avidité des Publicains, pourroit-il avoir des mœurs ? Vos Loix féodales & fiscales l'ont placé dans une situation qui met sans cesse ses devoirs en opposition avec ses intérêts. Né droit, franc & généreux, vous avez étouffé en lui ces heureux dons de la nature. Quel est l'homme le plus affermi dans les principes de la Religion & de la Morale, qui, placé dans une telle situation, ne les abandonneroit pas, tôt ou tard, ſans s'en appercevoir, & ne deviendroit pas injuſte & méchant dans le fait, ſans avoir ceſſé d'être juſte & bon dans le cœur? Quelque puiſſantes que ſoient la foi & la vertu, elles ne triomphent pas toujours, quand elles luttent ſans ceſſe contre la néceſſité, la douleur & le mépris. O vous qui jouiſſez, dans l'opulence, des fruits du travail du peuple, deſcendez un moment juſqu'à lui, ſeriez-vous meilleurs à ſa place?

Vous reprochez aux habitants des campagnes d'être menteurs, diſſimulés, infideles. Ce ſont vos attentats ſur leur liberté, vos vexations & vos outrages qu'il faut en accuſer. La foibleſſe & l'eſclavage n'ont jamais fait que des méchants : & ce qu'il y a de plus déplorable, c'eſt que, dans l'état actuel des choſes, cette méchanceté étant tout-à-la-fois active & paſſive, parce qu'elle n'eſt pas moindre dans l'oppreſſeur que dans l'opprimé, elle corrompt tout le corps de la ſociété, & dénature le caractere national dans ſes deux extrêmes.

Vous leur reprochez leur improbité ! eh ! vous les avez avilis à leurs propres yeux ; vous avez dégradé en eux la dignité de l'homme ; vous leur avez défendu jusqu'à leur propre estime. Où habite la vertu, si ce n'est dans le cœur de l'homme qui se respecte ?

Vous leur reprochez leur infidélité ! vous les avez dépouillés du fonds & des fruits ; vous les avez réduits à l'indigence ; vous les avez privés de toutes les ressources honnêtes & de tous les moyens légitimes de la soulager.

Vous vous plaignez de leur dissimulation ! vous leur avez fermé toutes les avenues de l'aisance ; vous avez commis envers eux, par la force, le plus inique de tous les vols, celui de la liberté du corps & des fonds. Vous les avez troublés dans la jouissance des biens communs à tous ; vous ne leur avez permis l'usage des éléments qu'à prix d'argent ; vous les avez rendus étrangers en ce monde. Les biens qu'ils devoient partager comme hommes, vous les leur refuſez comme Seigneurs ; & vous vous étonnez qu'ils tentent de reprendre, par l'adreſſe, une partie de ce que vous leur avez dérobé par la force ? Moi, j'admire en eux l'empire de l'habitude, & le pouvoir de la ſubordination !

CHAPITRE QUATRIEME.

Autre influence remarquable de la féodalité.

LA monarchie féodale s'étant élevée sur la monarchie politique, l'ordre économique de la Nation changea : le changement fut tout entier à la charge du peuple.

Vos Rois soutenoient autrefois l'éclat de leur Couronne avec le revenu de leurs Domaines. En temps de paix ils ne levoient que de légers impôts pécuniaires, & quelques tributs en nature pour l'administration de la Nation. Telles étoient les redevances en denrées attribuées aux Officiers du Prince. En temps de guerre, les Leudes, les Vassaux & les hommes libres étoient tenus de le suivre dans ses expéditions. Ils levoient alors un tribut privé sur les personnes employées à la culture de leurs terres ; c'est-à-dire, sur les hommes dépendants de leur famille : ce tribut passager cessoit avec la guerre.

Le Domaine des Rois étoit déja tellement appauvri sous la premiere race, que le fisc ne pouvoit plus suffire à leur entretien. Ce fut un premier accroissement de charge pour le peuple.

Les biens fiscaux étant sortis de la main du Prince pour passer dans les mains des Seigneurs ecclésiastiques & séculiers, non comme Officiers du Prince, mais comme Propriétaires, les redevances attachées autrefois à ces offices, ne furent plus un secours pour l'administration publique : seconde surcharge pour le peuple.

Les Seigneurs chargés du service militaire ne levoient autrefois des tributs qu'en temps de guerre, & ces tributs étoient passagers ; mais s'étant rendus propriétaires des personnes & des biens, ils imposerent sur leurs vassaux les droits féodaux dont j'ai parlé, & ces droits devinrent permanents : troisieme surcharge pour le peuple.

C'est, sans doute, l'obligation du service militaire qui a été le prétexte ou le motif des institutions féodales. Je sais bien que ce ce ſervice a été plus d'une fois le boulevard de l'Empire; mais je n'ignore pas que, pendant pluſieurs ſiecles, il en a déchiré le ſein. Quand les avantages qu'il en a reçus ſurpaſſeroient les maux qu'il en a ſoufferts, ces avantages pourroient-ils jamais expier la miſere & l'humiliation auxquelles la féodalité a réduit le peuple?

O vous poſſeſſeurs actuels des devoirs féodaux, voudriez-vous les juſtifier par les ſervices de vos aïeux? Ils ont défendu l'Etat, dites-vous; mais, pour le défendre, falloit-il l'opprimer? Ils ont verſé leur ſang pour la Nation; mais quel prix horrible ont-ils mis à cette effuſion, la vileté & l'eſclavage? Ils ont combattu, ils ont triomphé pour elle; mais qu'importoit à un peuple eſclave la victoire ou la défaite? ſon ſort pouvoit-il être pire? Non, ce n'eſt pas à vos ancêtres que la Nation doit de la reconnoiſſance; elle gémit encore ſous leurs barbares inſtitutions. C'eſt à l'autorité légitime trop long-temps affoiblie par eux; c'eſt à la bienfaiſance & à l'humanité de vos Monarques ; c'eſt au rétabliſſement de l'ordre & de la juſtice que la France doit le ſoulagement à ſes maux ; c'eſt encore leur bonté qu'elle doit implorer pour effacer juſqu'aux dernieres traces d'un ſyſtême auſſi deſtructeur.

La maſſe totale des droits féodaux, des dîmes ſeigneuriales & eccléſiaſtiques excede ou égale, au moins, la maſſe des impoſitions royales levées ſur la Nation ; impoſitions qui ont un motif légitime ; ſavoir, l'adminiſtration & la défenſe de l'Etat ; impoſitions qui ſont devenues néceſſaires, & qui ont augmenté en raiſon du vuide que le ſyſtême féodal a laiſſé dans la caiſſe publique, comme je l'ai obſervé ci-deſſus. Comment les Miniſtres de vos Finances n'ont-ils pas apperçu, & la cauſe de la ſurcharge du peuple contribuable, & le remede à cette ſurcharge, en indiquant les moyens de ſupprimer ou d'atténuer ſucceſſivement tous ces droits onéreux ? Comment n'ont-ils pas vu que le taillable, affranchi de ces impôts uſurpés ſur lui par la force, feroit plus en état de payer les impositions légales levées pour le gouvernement de la Nation, pour l'honneur de la Couronne & la fureté de l'Empire ? Quelle ressource ils préparoient dans l'avenir, en admettant le peuple au rachat de ces droits? Mais n'anticipons pas fur ce que nous avons à dire à ce fujet dans le cours de ce Mémoire.

CHAPITRE CINQUIEME.

Les droits féodaux n'ont plus aucun objet.

LORSQUE les Seigneurs étoient chargés du ſervice militaire ; lorſqu'ils ſervoient, non-ſeulement de leur perſonne, mais qu'ils étoient encore tenus de fournir un certain nombre d'hommes d'armes, il paroiſſoit juſte qu'ils levaſſent ſur leurs vaſſaux des tributs proportionnés à l'obligation que leurs Fiefs leur impoſoient : cette obligation étoit réelle autrefois, elle eſt illuſoire aujourd'hui. La puiſſance militaire de la Nation ne réſide plus dans le ſervice gratuit de la Nobleſſe, ni dans les hommes d'armes fournis & entretenus par elle : cette puiſſance eſt toute entiere dans les armées ſoudoyées par le Prince. Les Chefs & les Soldats reçoivent également leur ſolde du Monarque ; il leve ſur ſon peuple les ſommes néceſſaires à cette dépenſe. Il eſt évident que, dans l'état préſent des choſes, le peuple paie doublement pour le même objet : il paie au Roi & aux Seigneurs. L'impôt royal eſt fondé ſur la juſtice. Le Prince reçoit pour l'entretien de ſes troupes, & le Prince paie pour les entretenir. L'impôt ſeigneurial n'a plus ce caractere : les Seigneurs reçoivent & ne paient pas ; au contraire, ils ſont payés. Le ſervice militaire n'étant plus gratuit, la perception des droits féodaux ne préſente donc plus les mêmes motifs d'équité : l'objet n'exiſtant plus, l'impôt ne devroit plus exiſter. Ainſi, en faiſant, pour un moment, abſtraction de l'énormité des droits féodaux, relativement à l'Agriculture & à la condition des Laboureurs & des habitants des campagnes, ces droits feroient encore injuſtes, ſous cet aſpect, quelque légers qu'ils fuſſent.

CHAPITRE SIXIEME.

Des droits féodaux, levés sous d'autres motifs qui n'ont pas plus de réalité.

LE système féodal avoit tellement interverti l'ordre, & y avoit substitué un tel esprit d'indépendance & de confusion, que tous les Seigneurs s'étoient arrogé le droit de se faire justice eux-mêmes. Toutes leurs prétentions, tous leurs griefs se décidoient par les armes : delà, l'origine du duel ; ce regne de la violence & de l'Anarchie dura plusieurs siecles. Le malheureux peuple en étoit l'instrument & la victime ; tout étoit mis au pillage par l'offenseur & par l'offensé. Cependant les Villes, les Cités, les Chapitres, les Monasteres chercherent à se mettre à l'abri des ravages. Ils implorerent la protection des Seigneurs les plus puissants, moyennant certains droits, certains octrois qu'ils leur permirent de lever sur leur territoire. Ces Seigneurs qu'ils avoient appellés à leur secours, & qui s'étoient engagés à les défendre, prirent le nom d'*advoués*, *advocati*, & la protection qu'ils devoient donner, s'appella *advouerie*. Les grands Vassaux, les Seigneurs les plus considérables, devinrent les advoués de telle Ville, de telle Eglise, de tel Monastere. Ces pactes, entre les protecteurs & les protégés, furent très-communs : c'étoit le seul remede que l'on avoit trouvé alors contre les funestes effets des guerres particulieres des Seigneurs. Vos Rois même, tant il y avoit de renversement dans les personnes & dans les choses, ne dédaignerent pas d'être revêtus du titre d'advoués de leurs sujets : l'Histoire en fournit plusieurs exemples. (15)

Les advoués étoient obligés de fournir dans le cas où leurs protégés seroient attaqués, un certain nombre de gens armés de faire la garde des chemins, (16) de donner asyle aux hommes & aux bestiaux dans leurs châteaux, &c.... Ils recevoient en compenſation les péages & les octrois convenus.

Ces advoueries furent d'abord limitées pour un temps entre les parties contractantes, enſuite elles furent prorogées en faveur de l'héritier de l'advoué ; enfin, elles devinrent inſenſiblement un titre héréditaire, une propriété & un droit inhérent au fief principal : c'eſt ce qui a donné naiſſance à cette eſpece de droits féodaux que quelques Seigneurs levent encore hors du reſſort de leurs Fiefs.

L'exercice de la Police & de la Juſtice étant heureuſement rentré dans la main du Prince, il eſt aujourd'hui le Protecteur direct & immédiat de ſes Sujets. Les droits d'advouerie que les Seigneurs ont cumulés avec leurs autres droits, ſont abſolument illuſoires ; ils n'ont plus aucun motif, aucun objet ; cependant le peuple paie encore aujourd'hui à des protecteurs qui ne protegent plus, un droit de protection dont il n'a que faire : il ſeroit donc juſte de l'en affranchir.

SECTION TROISIEME.

CHAPITRE PREMIER.

Du Clergé.

. . . . Incedo per ignes
Suppositos cineri doloso. Horat.

LE Clergé est composé de deux Corps distincts, le Clergé séculier, & le Clergé régulier; le premier est d'institution divine, le second d'institution humaine. Si on ôtoit de la Religion ce que les hommes y ont mis, elle seroit plus pure & les hommes plus heureux.

Le Clergé a reçu tant de libéralités des Rois, de la Noblesse & du peuple dans le cours de dix siecles, qu'il faut que tous les biens du Royaume soient entrés plusieurs fois dans ses mains : la possession, il eſt vrai, fut ſouvent troublée par les deſcendants des donateurs : on voit ces biens paſſer rapidement du Clergé aux gens de guerre, & repaſſer par de nouvelles libéralités des gens de guerre au Clergé. Charles Martel les trouva dans la main des Eccléſiaſtiques, & s'en ſervit pour la défenſe de l'Etat. Charlemagne les trouva dans la main des Militaires : il en dédommagea le Clergé par l'établiſſement de la dîme. Ce fut ce Prince qui donna la premiere ſtabilité à ſes poſſeſſions, & qui diviſa en quatre parts l'emploi qu'on devoit en faire.

Si on conſidere le Clergé comme ſéculier, c'eſt un Corps néceſſaire : les ſociétés ne peuvent exiſter ſans Religion, & la Religion ne peut exiſter ſans Miniſtres. Ils ſont dépoſitaires de ſes loix ſaintes, & chargés des auguſtes fonctions qu'elles exigent.

On ſera peut-être étonné des richeſſes immenſes, & du pouvoir preſque ſans bornes que le Sacerdoce acquit ſous la premiere & la ſeconde race des Rois Francs;

mais il faut considérer que sitôt que Clovis eut embrassé le Christianisme, les Evêques lui furent d'un grand secours pour achever & affermir sa conquête : Tacite nous en donne une autre raison dans la peinture qu'il a faite des mœurs des habitants de la Germanie, d'où sortoient les conquérants des Gaules.

Les Germains avoient une extrême vénération pour leurs Prêtres. Ceux-ci avoient le plus grand crédit sur le peuple : l'autorité ne résidoit pas exclusivement dans la personne du Prince. Les Prêtres exerçoient la police & infligeoient des peines en vertu de la sainteté de leur ministere. (a) Les Rois Francs & leurs guerriers apporterent de leur ancienne Patrie cette disposition favorable aux Ministres de la nouvelle Religion qu'ils professerent.

(a) *Silentium per Sacerdotes, quibus & coërcendi jus est, imperatur.* Tacit. de more Germanorum, Cap. XI.

Nec Regibus libera & infinita potestas .... caterum neque animadvertere, neque vincere, neque verberare, nisi Sacerdotibus est promissum ; non quasi in pœnam, nec Ducis jussu, sed velut Deo imperante, quem adesse bellatoribus credunt. Tacit. ibid. Cap. VII.

Il ne faut donc pas être surpris, si les Rois Francs enrichirent non-seulement le Clergé séculier, mais s'ils accueillirent encore si aisément l'établissement du Clergé régulier. On peut faire remonter l'origine de ce dernier vers le cinquieme siecle, & son prodigieux accroissement dans les siecles postérieurs, connus sous le nom de siecles d'ignorance.

Elle avoit effectivement, à cette époque, obscurci l'Europe de ses plus profondes ténebres : c'est alors que l'on vit naître cet esprit de spiritualité & de vie contemplative, qui défigura l'Evangile, parce qu'on confondit le conseil avec le précepte. Il engendra cette foule de corps Religieux qui couvrirent les Villes, les Plaines, les Vallées & les Montagnes de Chapelles, d'Eglises & de Monasteres : il accrédita si généralement les idées d'une perfection nullement coordonnée à la nature de l'homme, nullement compatible avec la prospérité sociale & politique, que les Cloîtres dépeuploient les Cités & les Campagnes. Les progrès du Monachiſme furent ſi rapides, qu'ils ſèroient incroyables, ſi l'on ne ſe rappelloit la miſere des peuples ſous l'Empire de la féodalité. Quelque auſteres que fuſſent les Inſtituts des nouveaux Fondateurs, ils préſentoient encore tant d'avantages à des malheureux réduits à l'eſclavage & à l'ignominie, qu'ils préféroient l'humiliation religieuſe à la tyrannie de leurs Seigneurs. Ceux-ci, alarmés de la déſertion de leurs Vaſſaux, ne purent l'arrêter, qu'en ajoutant à leur ſervitude l'obligation de ne pouvoir ſe faire Prêtres ou Religieux ſans leur conſentement. Telle étoit la dure condition du ſerf, qu'il n'étoit pas libre d'accepter l'aſyle que la Religion lui préſentoit, ni de profiter du ſoulagement qu'elle offroit à ſes malheurs.

La libéralité verſa ſes dons à pleines mains ſur ces nouveaux Cénobites, qui devinrent en peu de temps très-nombreux & très-opulents. Cette branche protubérante, entée ſur le corps ſéculier, n'en emprunta pas la ſubſtance : elle avoit ſon aliment à part; mais elle pompoit avec lui tous les sucs de la terre : cependant croissant au profit & sous la protection d'une puissance étrangere, elle produisit des fruits dangereux, & fit germer des principes exotiques, plusieurs fois redoutables au tronc même qu'elle faillit souvent ébranler par sa force & par son poids.

Le Clergé séculier & régulier partagent les fruits du Cultivateur laborieux sous deux dénominations différentes, comme Propriétaire de Fiefs, & comme Ministre de la Religion. Sous le premier titre, il leve des droits féodaux; sous le second, il perçoit la dîme.

CHAPITRE SECOND.

Du Clergé, considéré comme Propriétaire de Fiefs.

OBSERVATIONS SUR CETTE PROPRIÉTÉ.

IL est vraisemblable que les Princes donnerent d'abord au Clergé des biens allodiaux, des terres saliques ou des terres franches. Ces donations faites dans les premiers temps, sous le nom d'immunités ou de franche-aumône, n'étoient chargées d'aucun service temporel ; mais depuis le septieme siecle, ces donations se multiplierent à l'infini. Les libéralités postérieures à l'établissement du systême féodal & de la suzeraineté, ont pris le caractere de ces institutions ; c'est-à-dire, que tous les biens cédés au Clergé, ayant été à cette époque inféodés, avoient toutes les qualités, toutes les prérogatives & toutes les charges des Fiefs : ce qui donne lieu à plusieurs considérations.

PREMIERE CONSIDÉRATION.

L'incompatibilité.

Les Fiefs emportoient avec eux l'obligation du service militaire ; les possesseurs de Fiefs étoient obligés de servir de leur personne en temps de guerre. Comment des Ministres de paix pouvoient-ils la contracter ? Quel étoit le motif des Donateurs ? Ils étoient persuadés, avec raison, que la sainteté du Sacerdoce ne permettoit pas à ceux qui en étoient revêtus, de s'occuper des travaux nécessaires aux besoins de la vie, & que, voués à une profession toute spirituelle, il ne falloit pas qu'ils fussent distraits par des soins temporels. Cependant la nature des biens qu'on leur donnoit, contrarioit directement ce but. Les Donataires ne pouvoient allier l'esprit évangélique avec l'obligation inhé-

rente

rente à leurs Fiefs; & si l'on a vu plusieurs fois des Prélats à la tête de leurs Vassaux, endosser le harnois & chausser les éperons, ce n'a été qu'un scandale de plus. Mais, dira-t-on, ils faisoient faire le service de leurs Fiefs : cela même en démontre l'incompatibilité, & prouve qu'il ne falloit pas les en revêtir (17).

Cette incompatibilité est plus évidente encore dans le Clergé régulier. Les Moines sont liés par des serments plus étroits à l'humilité, aux macérations, au dépouillement de soi-même; cependant ils possedent les titres les plus éminents, les plus beaux Fiefs & les plus riches Domaines. C'est pour ces heureux Solitaires que le Cultivateur, l'habitant des Campagnes est journellement couvert de sueurs, excédé de fatigue, accablé de misere. Ce sont ceux qui ont fait vœu de pauvreté qui sont opulents; ceux qui ont renoncé solemnellement aux jouissances du siecle qui regorgent de biens; ceux qui ont fait vœu d'humilité qui sont Seigneurs. Des

Moines Seigneurs! quelle contradiction dans les personnes & dans les choses! Ne diroit-on pas qu'ils n'ont juré que pour faire acquitter leur serment par leurs Vassaux? car lesquels pratiquent plus littéralement l'abstinence, l'abnégation & les souffrances?

Voulez-vous remarquer une contradiction plus frappante encore, entre la nature des dons faits à l'Eglise & la condition des Donataires? Considérez les Abbayes de Filles, auxquelles on a attaché des titres féodaux, des honneurs, des prérogatives incompatibles avec leur sexe & leurs vœux. Ces Vierges séparées plus rigoureusement du commerce avec les hommes, vouées à une clôture plus austere, peuvent-elles remplir les devoirs inséparables de leurs Fiefs & des titres dont on les a dotées? Ces libéralités ne renversent-elles pas, par l'espèce du don même, tout esprit d'ordre & de convenance? Cependant ce renversement subsiste de nos jours; mais il n'en blesse pas moins le bon sens & la raison.

Un de vos plus célebres Auteurs, (M. de Montesquieu) a dit que la Religion Chrétienne humilie bien plus ceux qui l'écoutent que ceux qui la prêchent ; il avoit raison ; il avoit autant de raison de dire encore que les Monasteres & les Hôpitaux font que tout le monde vit à son aise, excepté ceux qui travaillent.

Les Souverains de la Chine étoient pénétrés de cette vérité. « Nos Anciens, » disoit un Empereur de la Famille des » Tang, tenoient pour maxime, que s'il » y avoit un homme qui ne labourât pas, » une femme qui ne s'occupât pas à filer, » quelqu'un souffroit le froid ou la faim » dans l'Empire ». Sur ce principe, il fit détruire une infinité de Monasteres de Bonzes (a).

Le premier Souverain de l'Allemagne paroît convaincu du même principe. On le voit, depuis son avénement au Trône, n'écouter que sa sollicitude paternelle pour la partie laborieuse de ses peuples, & s'oc-

(a) Voyez le P. du Halde, Tome II, page 497.

cuper, pour la ſoulager, à élaguer l'exubérance monachale, gibboſité paraſite engendrée par la pareſſe & la fainéantiſe (18).

SECONDE CONSIDÉRATION.

L'inaliénabilité.

TOUS les biens cédés au Clergé, ont contracté le caractere de main-morte, c'eſt-à-dire, qu'ils ſont morts pour le commerce. Tous les autres ſujets du Roi ne ſont plus admis à les acquérir : c'eſt une portion ſouſtraite à toute mutation : c'eſt parce que le Clergé ne meurt pas, que ſes biens ſont morts pour la Nation. Quel que ſoit l'accroiſſement de la population & des richeſſes acquiſes par le commerce, le peuple ne pourra jamais échanger ces richeſſes contre une poſſeſſion eccléſiaſtique; il y a un cinquieme des terres du Royaume, en y comprenant la dîme, qui ſont main-mortables (*a*). C'eſt un cin-

(*a*) La plupart des Calculateurs politiques portent cette quantité au tiers, d'autres au quart; cela eſt très-pro-

quieme dans la masse des propriétés qui n'entre plus dans la circulation, & que l'administration ne peut plus offrir comme appât & comme récompense au peuple laborieux; c'est un obstacle qui décourage l'émulation & l'industrie dans le même rapport. Le Cultivateur des terres mainmortables est donc, par l'ordre actuel des choses, condamné à n'en partager jamais la propriété & à la sillonner éternellement pour autrui.

Cependant il n'y a que l'espoir de la propriété qui anime le travail; il n'y a que la propriété dans la main du pere de famille qui anime l'Agriculture. L'Ecclésiastique est usufruitier; l'usufruitier jouit & n'améliore pas; il ne plante pas, il ne répare pas, &c. &c..... Loin d'employer le présent au profit de l'avenir, il dévore souvent tous les deux.

Les Loix romaines avoient accordé

---

bable : cependant je ne porte qu'au cinquieme la totalité des biens du Clergé, même en y comprenant les dîmes, afin de mettre mes calculs à l'abri de [illegible] eproche.

des récompenſes & des prérogatives aux peres de famille, & décerné des peines contre les Célibataires. (*Voy. les Loix d'Auguſte & les Loix Papiennes*). Elles avoient pour but d'honorer le mariage, de ſeconder les vœux honnêtes de la nature, d'encourager le travail & de conſerver les mœurs qui ne ſont jamais plus pures que quand les mariages ſont nombreux. Conſtantin, à qui il a plu au Clergé de donner le nom de Grand, fut le premier qui les altéra. On atténua depuis ſucceſſivement les privileges qu'elles accordoient; peu à peu elles tomberent en déſuétude.

On vit enſuite ſuccéder aux vues ſages & bienfaiſantes de ces loix, je ne ſais quel eſprit de quiétude, de myſticité & de contemplation qui décerna au contraire tous les honneurs, toutes les richeſſes à la virginité & au célibat. Nouvelle opinion qui, rompant tous les liens civils & politiques, porta l'homme vers une perfection imaginaire & exagérée, qui excédoit ſes forces

& passoit sa mesure, lui prescrivoit des devoirs qu'il ne pouvoit remplir que par des vertus surnaturelles, sur lesquelles il ne faut jamais compter, & qui privoit la société d'un nombre infini de propriétés qui étoient autrefois le patrimoine des familles, & qui, devenues main-mortables, en sortirent pour ne jamais y rentrer.

Le délire des Instituts religieux fut porté au point qu'on honora la mendicité, & que, l'érigeant en précepte, le peuple fut assailli par une foule de mendiants autorisés, frêlons paresseux qui vinrent partager encore le miel des abeilles laborieuses. Ce qu'il y a de plus inconcevable, c'est que plusieurs de ces Corps religieux, condamnés par leurs Regles à vivre d'aumônes, & à ne posséder aucuns biens, sont parvenus à obtenir des propriétés, & n'ont pas cessé de lever un tribut sur le peuple par leurs quêtes. Propriétaires & mendiants, ils jouissent, à ce double titre, de ce qu'ils possedent & de ce qu'ils ne possedent pas (*a*).

(*a*) L'Empereur vient de supprimer cet abus dans la Basse-

On compte en France vingt-quatre millions d'habitants (*a*), & environ cent vingt millions d'arpents. Si les possessions étoient généralement réparties, chacun auroit cinq arpents en propriété pour pourvoir à sa subsistance. Il s'en faut bien que cette proportion existe. Le Clergé & la féodalité ont détruit les rapports naturels entre le nombre des individus & celui des propriétés. Le Clergé seul possede un cinquieme de la superficie du Royaume, soit comme propriétaire foncier, soit comme décimateur; c'est-à-dire, vingt-quatre millions d'arpents. Il faudroit, pour que les rapports fussent conservés, que le Clergé composât la cinquieme partie de la population; mais le nombre des Ecclésiastiques séculiers & réguliers ne monte pas, en France, à cent mille; encore doit-on présumer que ce

---

Autriche. Il a interdit la quête aux Religieux mendiants, & leur a assigné un fonds pour leur subsistance. (*Voyez la Gazette de France*, N°. 75, *article de Vienne*, *du* 3 *Septembre* 1783.

(*a*) Voyez le compte rendu au Roi en 1781, page 68.

nombre eſt au-deſſus de l'exacte vérité, ſur-tout depuis qu'on a fixé l'âge pour l'émiſſion des vœux (*a*).

Les poſſeſſions du Clergé, conſidéré comme Propriétaire & comme Décimateur, s'élevent, au moins, à vingt-quatre millions d'arpents : il faut diviſer ce nombre par cent mille, on aura pour quotient

(*a*) Il y a en France :

	Individ.
Cent trente-ſix Archevêques & Evêques, ci . .	136.
Cent trente-ſix Cathédrales, à cinquante Eccléſiaſtiques chacune pour les deſſervir. . . .	6,800.
Quatre cents Collégiales, à vingt Prêtres ou Deſſervants.	8,000.
Deux cents cinquante Commanderies.	250.
Quatre Prêtres ou Deſſervants pour chacune. . .	1,000.
Curés des cent trente-ſix Dioceſes.	33,165.
Vicaires, on peut en porter le nombre au tiers. .	11,184.
Abbayes d'hommes & de filles, 903. (Abbés & Abbeſſes,) ci.	903.
Religieux & Religieuſes, non compris les Abbés & les Abbeſſes, à vingt perſonnes par Abbaye, ci.	18,060.
Religieux & Religieuſes des Couvents qui n'ont pas le titre d'Abbaye, nombre égal au précédent. .	18,060.
	97,558.

Nous n'aſſurons pas que ces données ſoient d'une exactitude abſolue ; mais ce ſont des baſes aſſez juſtes pour ne pas craindre d'erreur ſenſible. L'opinion commune ne porte même qu'à ſoixante & quinze mille le nombre des individus qui compoſent le Clergé ſéculier & régulier de la France ; nous prendrons cependant le nombre de cent mille pour baſe de nos calculs.

deux cents quarante ; par conséquent chaque individu attaché au Clergé séculier & régulier, aura pour sa subsistance deux cents quarante arpents par tête.

Les vingt-quatre millions, moins cent mille têtes, représentant toutes les autres classes de la Nation, n'auront entr'elles que quatre-vingt seize millions d'arpents : ce dernier nombre, divisé par vingt-quatre millions, moins cent mille têtes, donnera pour quotient quatre arpents, avec une portion si foible en plus, qu'on peut la négliger.

La possession de chaque individu ecclésiastique sera donc, à la possession de chaque individu de toutes les autres classes, considérées collectivement, comme 240 est à 4 ; c'est-à-dire, que les moyens de subsistance de chaque Ecclésiastique, comparés à ceux de toutes les autres classes, sont au moins comme 60 est à 1 (*a*).

(*a*) L'Empereur de la Chine *Hoei-Tchang* pensa, avec tous les Sages de la Nation, qu'il importoit à son bonheur de détruire toutes les Bonzeries ; quoique dans un Royaume

Je n'ai confidéré chaque Eccléfiaftique que comme n'étant pas propriétaire, perfonnellement, d'aucun bien ; cependant chaque Prêtre féculier doit être néceffairement confidéré comme propriétaire, parce qu'il a droit de partage & d'hérédité dans le bien de fes peres, & parce que, fuivant la Loi, il ne peut parvenir à la Prêtrife, que fous la condition de préfenter un patrimoine. C'eft par cette confidération que j'ai dit qu'on pouvoit négliger la fraction infenfible du quotient, & que les moyens de fubfiftance de chaque Eccléfiaftique, comparés à ceux de chaque individu de toutes les autres claffes, prifes collectivement, étoient au moins comme foixante eft à un (*a*).

---

auffi étendu, & dont la population montoit alors à plus de 150 millions d'ames, il n'y eût que deux cents foixante mille Bonzes, c'eft-à-dire, un fur fix cents individus. (*Voyez Defcription générale de la Chine*, *page* 469.)

(*a*) Voyez, à l'appui de ce que l'Auteur dit dans ce Chapitre, l'Ouvrage intitulé : *Confidérations fur les intérêts du Tiers-Etat, adreffées aux Peuples des Provinces, par un Propriétaire foncier*, (1788) depuis la page 87 jufqu'à la page 94.

L'Auteur de ces Confidérations cite (p. 61) M. Bouche,

Ce résultat présente une absurdité politique, un abus révoltant, qui renverse les principes de toute société, en brise les liens & en détruit les rapports. Si on le trouvoit exagéré, je ferois remarquer que

---

d'Aix, qui rapporte une observation tirée des Mémoires de Boulanger que voici : « On a calculé que le Clergé possede, » en toute propriété, le tiers, au moins, des biens-fonds » de la France ; qu'il a le tiers des deux autres tiers par les » rentes dont les fonds de cette portion sont chargés à son » profit ; qu'il préleve encore sur cette même portion, la » dîme, antécédemment aux rentes. Ce tiers, ce dixieme, » ce tiers des deux autres tiers, sont, à-peu-près, la moitié » des biens-fonds du Royaume.

Il paroît que la véritable estimation des possessions du Clergé peut être portée, sans exagération, au tiers du revenu de la totalité des terres du Royaume. Ainsi il convient droit de réformer le résultat des calculs de l'Auteur de ce Mémoire.

Le Royaume contient 120 millions d'arpents.

Le Clergé en possede le tiers, ou 40 millions d'arpents.

Il faut diviser ce nombre par cent mille, nombre des individus Ecclésiastiques, on aura pour quotient 400.

Les 80 millions d'arpents restants aux 24 millions de population qui composent les deux autres classes, considérées, collectivement, étant divisés par ce nombre, donneront pour quotient trois un tiers d'arpent par tête.

La possession de chaque individu Ecclésiastique sera donc à la possession de chaque individu de toutes les autres classes, considérées collectivement, comme 400 est à trois un tiers, ou, ce qui est la même chose, comme 120 est à un. (*Note de l'Editeur.*)

je n'ai compris dans le calcul précédent, ni les aumônes, ni les droits attribués à l'Autel, ni les offrandes, ni le produit des Sacristies, ni le revenu des Messes, ni enfin le revenu ecclésiastique connu sous le nom de casuel; objet immense & certain : car quel est l'homme qui n'est pas nécessairement tributaire de l'Eglise à sa naissance, à son mariage & à sa mort (*a*)?

Cette inégalité monstrueuse sera plus frappante encore par les considérations suivantes. On compte, au moins, quatre têtes par feu ou chef de famille, y compris les enfants & les domestiques : ainsi, les vingt-quatre millions, moins cent mille têtes, peuvent être représentés par six millions de chefs de famille, qui sont les souches réproductives de la génération future. Mais qui

---

(*a*) On compte annuellement en France, par le relevé des Registres des morts & des naissances, environ 800,000 morts, & 900,000 naissances; ensemble 1,700,000. Quand on ne porteroit la rétribution de chaque mort & de chaque naissance l'un dans l'autre qu'à trois livres, ces deux objets seuls monteroient à plus de cinq millions.

ne voit que ce ſont ces ſix millions de chefs qui ſont chargés de ſon entretien, de ſa nourriture, de ſon éducation; que ce ſont ces ſix millions de chefs qui ſupportent les travaux de l'Agriculture, du Commerce & des Arts, le poids des impôts, les ſoins de l'adminiſtration & de la défenſe de l'Etat; enfin, que c'eſt le travail de ces chefs de famille qui pourvoit à la ſureté & à la ſubſiſtance de dix-huit millions de têtes qui ſont ſous leurs ordres & qui vivent à leurs frais? Cependant cette partie active & féconde de la Nation a 60 fois moins de moyens, 60 fois moins de richeſſes foncieres, malgré toutes ſes charges, que la claſſe ſtérile & diſpenſée des travaux. *Hinc mali labes.*

L'Angleterre a reconnu, il y a environ deux ſiecles, l'influence de ce barbariſme économique. Le plus grand obſtacle que les Souverains aient eu à vaincre pour développer & mettre en action les cauſes qui produiſent la richeſſe & la félicité publiques, a été, chez tous les peuples de la terre, l'opinion que le Sacerdoce avoit inſpirée pour établir ſon pouvoir & ſa domination.

La Ruſſie n'a commencé à connoître ſes forces & à les développer, que depuis que ſon Clergé, autrefois redoutable, a été dépouillé des immenſes poſſeſſions que la ſuperſtition lui avoit prodiguées, & du million d'eſclaves qu'il employoit à les exploiter.

La Suede étoit, avant Guſtave-Vaſa, courbée ſous le deſpotiſme du Sacerdoce; il y exerçoit la principale autorité. Ce grand Prince rompit ces chaînes religieuſes, & dépouilla le Clergé de ſes uſurpations.

Si la Pologne avoit marché ſur les mêmes traces; ſi les trop grandes poſſeſſions réunies dans la main d'un trop petit nombre de Propriétaires; ſi l'eſclavage des habitants des campagnes n'y avoit pas tari les ſources de la reproduction, elle ne ſeroit pas tombée dans l'état de langueur & d'anéantiſſement où elle gémit aujourd'hui; elle n'auroit pas vû ſes membres déchirés devenir la proie de l'ambition de ses voisins.

Joseph II, secouant enfin les préjugés qui avoient égaré ses prédécesseurs, prépare à ses Sujets, par les Réglements les plus sages, une prospérité à laquelle ils n'auroient jamais pu prétendre sous un Gouvernement qui n'auroit pas proscrit les principes inhumains de l'intolérance, & posé des bornes à la richesse & à la puissance du Clergé.

« Lorsque Henri VIII voulut réformer » l'Eglise d'Angleterre, dit M. Bur- » net, il détruisit les Moines, nation pa- » resseuse elle-même, & qui entretenoit » la paresse des autres, parce que pratiquant » l'hospitalité, une infinité de gens oisifs, » Gentilshommes & Bourgeois, passoient » leur vie à courir de couvent en couvent. » Il ôta encore les Hôpitaux, où le bas » peuple trouvoit sa subsistance, comme » les Gentilshommes trouvoient la leur » dans les Monasteres. Depuis ce chan- » gement, l'esprit de commerce & d'in- » dustrie

» dustrie s'établit en Angleterre. » (*Voyez l'Histoire de la Réforme d'Angleterre, par M. Burnet*).

Le Clergé y étoit très-nombreux & très-opulent, dans le temps où elle payoit le denier de saint Pierre, & où elle étoit, pour ainsi dire, nation-lige de la Tiare. La révolution fut l'époque & le germe de sa prospérité. La plus grande partie des biens du Clergé rentra dans la circulation, & redevint le domaine des peres de famille. Le nombre des Ecclésiastiques fut prodigieusement réduit; on n'en compte aujourd'hui que 10,500. On ne conserva au Clergé qu'environ quinze cents mille livres sterling de propriétés foncieres, & les revenus ecclésiastiques ne montent pas aujourd'hui à plus de deux cents dix mille livres sterling. (*Voyez les Calculs de Watson, Warner, Young & Burke.*)

Il résulta de cet heureux changement, 1°. que les propriétés immenses du Clergé, autrefois presque stériles, lorsqu'elles appartenoient à des usufruitiers, acquirent la plus grande fécondité entre les mains des Citoyens; 2°. que les propriétés furent réparties dans une proportion raisonnable, & que les terres soustraites à la possession du Clergé, cesserent d'être main-mortables, & devinrent le prix offert à l'industrie & au travail de la Nation; 3°. que ces terres contribuerent, dans une proportion égale, aux charges de l'Etat. Cette balance rétablit les rapports entre les Contribuables, resserra les nœuds de la société, anima l'émulation, & fut enfin la cause du dégré de force auquel l'Angleterre s'éleva depuis cette époque.

Voulez-vous connoître les moyens de puissance d'un peuple, & les comparer à ceux d'un autre peuple? calculez les propriétés foncieres, les dîmes, les privileges & le nombre d'Ecclésiastiques de chacun de ces peuples, vous aurez une échelle sure pour mesurer leur force civile, économique & politique. Plus le Clergé y sera riche, puissant, privilégié, moins l'Agriculture, le Commerce, les Sciences & les

Arts y auront fait des progrès, moins les Cultivateurs & les habitants des campagnes y auront d'aisance. J'ai dit qu'il falloit faire entrer dans ce calcul de comparaison les privileges des Ecclésiastiques; ce qui me conduit à une derniere considération.

TROISIEME CONSIDÉRATION.

L'immunité.

NON-SEULEMENT le Clergé possede en France des fonds & des revenus dans une proportion monstrueuse, relativement aux propriétés de toutes les autres classes, considérées collectivement; mais il ne contribue aux impôts que dans un rapport plus inégal encore en raison de ses propriétés.

Tous les biens ecclésiastiques sont possédés noblement : ils jouissent même, à cet égard, de franchises plus considérables que la Noblesse, sans en avoir les charges; autre disproportion injuste.

1°. Les Ecclésiastiques ne paient, ni capitation, ni vingtieme, auxquels le premier Ordre de l'Etat eſt aſſujetti.

2°. S'ils contribuent à quelques impôts, ſoit pour le produit de leurs Bénéfices, ſoit pour le produit de leur patrimoine, (car le caractere ſacerdotal réunit en eux une double exemption ſous deux dénominations; ſavoir, comme Titulaires d'un Bénéfice, & comme Propriétaires d'un bien patrimonial); ſi, dis-je, ils contribuent à quelques impôts, c'eſt toujours dans une proportion énorme, même en comparaiſon de la contribution de la Nobleſſe.

Prenons un exemple dans les droits d'Aides. Si la Nobleſſe paie 55 ſols pour la vente d'une piece de vin, le Clergé ne paie que 18 ſols pour le vin de Bénéfice, & 36 ſols pour le vin de patrimoine; c'eſt-à-dire, que, dans le premier cas, il ne paie que le tiers, & dans le ſecond que les deux tiers de l'impôt auquel la Nobleſſe eſt ſoumiſe.

Si vous comparez la contribution du Clergé, relativement à cet impôt, avec celle de tous les autres ordres de Propriétaires & de Cultivateurs, la différence ſera bien plus conſidérable. Ceux-ci ſont ſujets au droit de gros dans la vente du vin, & aux accroiſſements additionnels qui l'ont doublé. Il arrive delà que, preſque dans tous les cas, le Propriétaire & le Cultivateur roturiers qui n'ont obtenu de la terre cette précieuſe production que par de groſſes avances & par un travail conſtant & opiniâtre, paient neuf ou dix fois autant que l'heureux & tranquille Béneficier qui n'a contribué à la récolte, ni par ſes peines, ni par ſes dépenſes.

On ne m'objectera pas que le Clergé paie l'équivalent par le don-gratuit; car quel rapport entre le don-gratuit & ſes poſſeſſions ? quel rapport entre le don-gratuit & le cinquieme du produit du Royaume (19) ? quel rapport entre le don-gratuit & la taille, la capitation, l'induſtrie, les vingtiemes, le centieme-denier, &c. &c.... auxquels les autres Propriétaires ſont ſoumis ? La juſtice diſtributive eſt-elle exercée à cet égard ? qui oſera l'aſſurer (*a*)?

On ne m'objectera pas avec plus de raiſon que les Fermiers, les Cultivateurs, les Adminiſtrateurs des biens du Clergé paient la Taille, la Capitation & tous les autres Impôts. Les Laboureurs & tous les Collaborateurs des biens des autres Propriétaires ne ſont-ils pas aſſujettis aux mêmes contributions ? Néanmoins ces autres Propriétaires ne les paient-ils pas encore pour eux-mêmes? C'eſt donc une illuſion de dire que le Don-gratuit repréſente ce que le Clergé devroit payer en raiſon de ſes propriétés foncieres, de la dîme & de ſes autres revenus : cependant

---

(*a*) La preuve inconteſtable que le Clergé ne paie pas, dans une proportion meſurée ſur ſes facultés, la charge des impoſitions que ſupportent tous les ſujets de l'Etat, c'eſt la réſiſtance qu'il a oppoſée à l'exécution de la Déclaration du mois d'Août 1751, qui ordonnoit que tous les Bénéficiers ſeroient tenus de donner, dans ſix mois, une déclaration des biens & revenus de leurs Bénéfices. Comme c'étoit le ſeul moyen de connoître combien il y avoit peu de proportion entre les moyens & les ſacrifices du Clergé, il fit les plus grands efforts pour écarter la diſpoſition de cette Loi, qui, effectivement, ne fut pas exécutée.

il ne peut ſe faire qu'un contribuable paie moins, qu'en même-temps un autre contribuable ne paie plus. Cette ſurcharge ſur qui tombe-t-elle? N'eſt-ce pas ſur la Claſſe laborieuſe de la Nation? Ne vous étonnez donc plus de la malheureuſe condition de vos Laboureurs & des Habitants de vos Campagnes. *Hinc mali labes.*

CHAPITRE TROISIEME.

La Dîme.

La dîme n'eſt pas une inſtitution primitive, un droit contemporain à l'établiſſement du Clergé en France : elle n'exiſtoit pas encore ſur la fin du ſeptieme ſiecle; la dîme étoit originairement un droit ſeigneurial & économique. Loin que l'Egliſe levât des dîmes à ſon profit avant cette époque, toute ſa prétention ſe bornoit à s'en faire exempter (*a*). On ne peut en faire remonter l'établiſſement en faveur du Clergé qu'au regne de Charlemagne.

(*a*) Voyez l'Eſprit des Loix, Liv. XXXI, Chap. XII. Voyez auſſi la note de la page 251 du Livre qui a pour titre : *Recherches & Obſervations ſur les Loix féodales*. L'Auteur cite une Conſtitution de Clotaire II, (ſeptieme ſiecle) qui ordonne qu'on ne levera pas la dîme ſur les biens du Clergé. Si l'on affranchit l'Egliſe de payer la dîme, elle ne lui étoit donc pas due? le Clergé y étoit donc aſſujetti?

Il ne faut pas assimiler les dîmes levées par le Clergé de France à celles que payoit la nation Juive. L'établissement de la dîme, chez les Juifs, faisoit partie de la fondation & de la constitution de cette république théocratique. En France, au contraire, les dîmes seigneuriales existoient dès l'origine de la Monarchie; & les dîmes ecclésiastiques établies par Charlemagne, postérieures & indépendantes des premieres, furent une nouvelle surcharge pour le peuple : elle lui parut si accablante, que ce Monarque, quoique le plus puissant des Rois qui aient gouverné la France, quoiqu'il ait donné lui-même l'exemple en assujettissant ses propres fonds à ce nouvel impôt, eut besoin de toute son autorité, pour vaincre la résistance que la Nation lui opposa. Il fallut le concours des loix civiles & ecclésiastiques pour y parvenir; encore la Nation ne donna-t-elle son consentement à l'établissement de ces dîmes, qu'à condition qu'elle pourroit les racheter; condition remarquable & qui pourroit devenir un titre précieux pour le soulagement du peuple (20).

Il est vrai que les Empereurs, Louis & Lothaire, fils & petits-fils de Charlemagne, ne donnerent pas leur sanction à cette réserve, qu'ils s'opposerent même au rachat des dîmes que la Nation réclamoit; mais personne n'ignore quelle fut la puissance du Clergé sous leur regne : elle s'accrut au point que l'autorité royale fut à la merci du Sacerdoce, & dégradée dans la personne du fils du plus généreux & du plus magnifique de ses bienfaiteurs (*a*).

Je m'arrête un moment, pour faire observer que le peuple demeura alors doublement chargé des dîmes seigneuriales & des dîmes ecclésiastiques. Les Seigneurs, comme nous l'avons vu ci-dessus, levent, en vertu de leurs dîmes ou autres droits

---

(*a*) *De decimis quas dare populus non vult, nisi quolibet modo ab eo redimantur, ab Episcopis prohibendum est ne fiat.* Capitulaire de Louis le Débonnaire, à Worms, en 829, C. VII.

féodaux ſous le nom de terrage, champart ou autres, un quart du produit net, ce qui fait trois gerbes ſur douze; les dîmes eccléſiaſtiques montent aſſez généralement à la douzieme gerbe : ainſi ces deux dîmes réunies prélevent quatre gerbes ſur douze; c'eſt déja le tiers du produit net de la récolte. Ce n'eſt pas tout : il faut ajouter à ce prélévement les trois vingtiemes royaux actuellement exiſtants, leſquels emportent encore deux gerbes au moins à cauſe des droits acceſſoires au principal. Ainſi, il eſt rigoureuſement vrai que ces trois impôts, ſeulement & excluſivement à tous autres, prélevent ſix gerbes ſur douze. Il ne reſte donc aux Propriétaires, aux Cultivateurs & aux habitants des Campagnes, que la moitié de la récolte pour fournir aux ſemences, à l'intérêt de la valeur des terres, aux frais de labour, à leur ſubſiſtance, & à l'acquittement de tous les autres impôts. Ce réſultat, décourageant pour la propriété fonciere & pour l'Agriculture, mérite les plus sérieuses réflexions du Gouvernement. *Hinc mali labes.*

Quel doit en être l'effet, sinon de réduire enfin les agents de l'Agriculture à la nécessité de mendier le pain qu'ils ont fait croître, le pain que nous mangeons à la sueur de leur corps? Cet effet prévu par le raisonnement, n'est que trop prouvé par l'expérience. Consultez les Administrateurs des Hôpitaux & des Maisons de Charité; consultez le relevé des différentes classes d'hommes & de femmes que la misere & les infirmités y ont conduits; vous trouverez cet affligeant tableau, savoir, que plus de la moitié de ces infortunés est composée des habitants des Campagnes, des Pâtres, des Charretiers, des Journaliers, des Collaborateurs de l'Agriculture, de leurs femmes, de leurs veuves & de leurs enfants. Ce fait déplorable est consigné dans les états périodiques des dépôts de mendicité, où l'on garde les tristes archives des miseres humaines (*a*).

(*a*) Voyez le compte rendu pour l'année 1782 du Dépôt

Je reviens aux motifs qui ont engagé Charlemagne à établir les dîmes eccléſiaſtiques. J'ai déja dit que l'Egliſe avoit été dépouillée d'une grande partie de ſes biens par Charles Martel. Pépin n'avoit pu les faire reſtituer ; il s'étoit contenté de ſoumettre au paiement des dîmes & aux réparations des Egliſes, ceux qui poſſédoient en Fief les biens eccléſiaſtiques.

Lorſque Charlemagne parvint au trône, l'Egliſe, ainſi dépouillée, n'avoit plus des revenus aſſez conſidérables pour l'exercice du culte & pour l'entretien de ſes Temples & de ſes Miniſtres. La Religion ſouffroit depuis long-temps des ſpoliations & de la ſituation précaire où ſe trouvoit le reſte des poſſeſſions du Clergé. Ce Prince voulut non-ſeulement dédommager l'Egliſe de ſes pertes, mais lui aſſurer encore l'état fixe & permanent qu'elle avoit perdu. Tels ſont les motifs qui l'ont déterminé à l'établiſſement des dîmes eccléſiaſtiques :

---

de mendicité de la Généralité de Soiſſons.

elles n'ont donc été imposées que pour suppléer les moyens que l'Eglise n'avoit plus lors de leur établissement.

Si, depuis ce temps, les circonstances ont tellement changé, que l'Eglise possede aujourd'hui des biens assez considérables pour subvenir à tous ses besoins indépendamment des dîmes, quel est le tribunal, ami de l'humanité, qui trouveroit injuste que les Propriétaires, les Laboureurs, les habitants des Campagnes réclamassent la condition mise par leurs ancêtres, lors de l'établissement de ces dîmes, & demandassent, à l'autorité légitime, la permission d'être admis à en faire le rachat? Eh! qui sait si Charlemagne lui-même (car on peut le présumer des vues d'un aussi grand Roi) ne prévoyoit pas, en tolérant cette condition, que cet impôt nécessaire alors, cesseroit peut-être de l'être un jour, & par conséquent qu'il étoit juste de laisser à la Nation l'espérance de le racheter?

CHAPITRE QUATRIEME.

Des abus qui ſe ſont introduits dans la perception de la dîme.

LORSQUE le Clergé fut autoriſé par le Prince à lever la dîme ſur le peuple, il ne ſe renferma pas dans l'eſprit, ni dans le texte de la loi ; il étendit ſucceſſivement ce droit, non-ſeulement ſur toutes les productions de la terre, mais ſur tous les objets qui, par leur nature, n'en étoient pas ſuſceptibles. Ce droit que, par une fauſſe aſſimilation du nouveau à l'ancien Teſtament, il appelloit divin & inconteſtable, n'eut bientôt plus de bornes. Ces prétentions s'établirent facilement chez des peuples enſevelis dans la plus profonde ignorance, & par conſéquent crédules & ſuperſtitieux (21).

Les Eccléſiaſtiques leverent alors le dixieme ſur l'induſtrie, ſur les gains du

Commerce, ſur les legs teſtamentaires, ſur les gages des Laboureurs, ſur la paie des Soldats, quelquefois même ſur les revenus des charges de la Cour. Ces extenſions vexatoires opprimerent la Nation pendant pluſieurs ſiecles : cependant l'avidité du Clergé fut ſucceſſivement réprimée à meſure que les eſprits s'éclairoient, & que la raiſon reprenoit ſon empire. Le Sacerdoce, lui-même plus inſtruit, devint plus modéré, & le droit de dîme rentra ſucceſſivement dans les bornes que la loi lui avoit preſcrites.

Mais quelque modifié qu'il ſoit aujourd'hui, il porte en ſoi un principe de découragement pour la culture; ce droit n'eſt pas fixe; il eſt toujours perçu en proportion de la récolte : de ſorte que, ſi un Cultivateur actif & intelligent parvient à obtenir un meilleur produit de ſon champ, le Décimateur partage le fruit de ſon activité & de ſes talents. Si la dîme étoit un droit fixe & invariable, le colon ſeroit moins découragé, parce que toute l'augmentation du produit reſteroit

entre

entre ſes mains, comme la récompenſe de ſon labeur : ainſi la dîme eſt non-ſeulement un fardeau très-peſant pour l'Agriculture par ſa quotité, mais encore un obſtacle très-préjudiciable à l'émulation & à la reproduction annuelle par ſa progreſſion proportionnelle ; & vous vous étonnez que vos Laboureurs & les habitants de vos Campagnes ſoient pauvres & miſérables ? Il y a près de mille ans que la Nation avoit prévu cet état déplorable pour ſes deſcendants, lorſqu'elle oppoſoit la plus grande réſiſtance à l'établiſſement des dîmes eccléſiaſtiques. Je le répete : *Hinc mali labes.*

A ce vice inhérent, à la nature de ce droit, s'eſt joint un abus plus intolérable encore ; mais cet abus eſt commun aux dîmes ſeigneuriales & eccléſiaſtiques. Je veux parler de l'augmentation des meſures relativement à l'acquittement de ces dîmes.

On doit ſe rappeller ce que j'ai dit des temps de confuſion où la Monarchie féodale s'eſt élevée ſur les débris de la Monarchie politique. Les Seigneurs Ecclésiastiques & Laïques s'étoient arrogé presque tous les droits régaliens dans leurs Domaines; ils les régissoient par des loix fiscales & des ordonnances particulieres de Police qui n'avoient d'autre regle que leur volonté & souvent leur cupidité : c'est alors que pour grossir leurs revenus, sans changer la quantité numéraire, ils augmenterent les poids & les mesures avec lesquels les Vassaux devoient acquitter les droits féodaux. Le Clergé non moins avide les augmenta, & pour les rentes féodales, & pour les dîmes Ecclésiastiques. Chaque Abbaye, chaque Chapitre, chaque Baronnie, Comté ou Marquisat, eut sa mesure particuliere, très-différente des matrices qui avoient été fixées autrefois par les Romains & par les Rois Francs.

La différence de ces mesures arbitraires est telle, que, dans quelques-unes de vos Provinces, elle augmente de près d'un tiers la quotité du devoir féodal & de la dîme. J'en connois une, & j'en administerai la preuve, où la contenance de la mesure de telle Abbaye, de tel Chapitre, comparée à la mesure coutumiere, municipale & généralement admise dans le commerce, même par les Seigneurs & le Clergé lors de la vente, est comme 144 est à 100 : de sorte que le vassal qui ne payoit originairement que cent mesures, en paie aujourd'hui cent quarante-quatre, quoiqu'il paroisse n'en payer que cent; fraude inique, surcharge énorme d'un droit déja trop onéreux. Quoi! deux mesures & deux balances, l'une pour recevoir & l'autre pour vendre! Car, remarquez que les Seigneurs qui ont exigé leurs droits à leur mesure, en revendent le produit à la mesure courante & reçue dans le commerce, toujours moindre que la leur. Cette violation manifeste de toute justice, ne sollicite-t-elle pas l'animadversion la plus vigilante & la réforme la plus prompte & la plus févere?

Cette superfétation fiscale tombe toute entiere sur les Propriétaires, les colons

& les habitants des Villages, parce qu'elle pese, non sur les possessions enceintes dans les Cités & dans les Villes, mais sur les produits de la terre & sur les propriétés des Campagnes; & vous vous étonnez de la malheureuse condition de ceux qui les habitent? Je le repete encore : *Hinc mali labes.*

Il y a long-temps que l'on désire qu'on établisse un poids & une mesure uniformes dans toutes les Provinces de France : les intérêts du commerce le demandent; mais ceux de la culture réclament avec autant de droit cette uniformité (*a*). Elle feroit

(*a*) Les poids & mesures étoient uniformes dans l'Empire Romain. (Voyez le Traité de Frontin.) Voyez aussi le Livre intitulé : *De la Monarchie Françoise & de ses Loix*, p. 51. Charlemagne, qu'on ne peut trop citer comme le modele d'un grand Administrateur, exigea aussi, dans son Empire, l'égalité des poids & des mesures. (*Voyez le Livre cité ci-dessus, page 226, & les Capitulaires de ce Prince.*)

Volumus ut æquales mensuras & rectas, pondera justa & æqualia, omnes habeant, sivè in Civitatibus, sivè in Monasteriis, sivè ad dandum in illis, sivè in accipiendum. Capitul. Carol. Magn. ann. 789, apud Baluf. Tom. I, col. 238. Capitul. incerti ann. Cap. 45, apud D. Bouquet, Tom. V, page 691.

Volumus ut quisque Judex in suo ministerio mensuram modiorum, sextariorum, & siculas per sextaria octo, &

disparoître toutes les usurpations féodales & décimales, dont le Cultivateur est accablé.

Cette surcharge onéreuse n'a pas échappé aux yeux pénétrants de M. Colbert. Ce Ministre éclairé provoqua à ce sujet un réglement dans le premier tribunal du Royaume. Le Parlement de Paris ordonna, par un Arrêt du 15 Octobre 1665, « Que tous les Seigneurs rapporteroient les titres en vertu » desquels ils prétendoient leurs droits; » & à faute de ce faire, dans le délai » prescrit, il leur fit défense de les lever, » à peine de concussion. »

Par un second Arrêt, cette Cour ordonna « que toutes les mesures seroient » réputées conformes à celles du plus pro» chain marché des lieux; & à l'égard » de celles où il y auroit titres, qu'elles » ne pourroient excéder le quinzieme du » setier de celles du plus prochain marché.

---

corborum, eo tenore habeat, sicut & in palatio habemus. Capitul. de Villis Carol. Mag. Cap. 9, apud D. Bouq. Tom. V, pag. 652.

» Elle ordonna en outre que tous les poids » & mesures dont on se serviroit, seroient » étalonnés, & les matrices remises ès » mains des Juges & Officiers commis » par la Police, avec défenses à toutes per- » sonnes d'en garder & réserver aucunes. »

Rien de plus sage, sans doute, que ces dispositions; mais le crédit & le pouvoir des Seigneurs Ecclésiastiques & Laïques les a rendues presque sans effet; & la plus grande partie de ces abus subsiste encore; tout conspire donc à remettre cette loi en vigueur.

CHAPITRE CINQUIEME.

De la division du produit des dîmes ecclésiastiques.

LORSQUE Charlemagne les établit, il les divisa en quatre parts, & il en assigna l'emploi, savoir, pour la fabrique des Eglises, pour les pauvres, pour les Evêques & pour les Clercs.

Qu'est devenue la part des pauvres? La portion des dîmes assignée à leur soulagement y est-elle religieusement employée? On trouve, dira-t-on, cet emploi dans l'existence des Hôpitaux; mais les revenus de ces Hôpitaux représentent-ils exactement le quart des dîmes? Une partie de ces revenus ne provient-elle pas d'autres libéralités étrangeres au produit des dîmes? Quand cela seroit vrai, relativement au Clergé séculier, cela seroit-il également vrai pour le Clergé régulier? Non : le quart des dîmes n'est pas employé au profit des pauvres : je suppose cependant que cela soit. Le but ne seroit pas encore atteint : car les Hôpitaux, les Maisons de Charité, les aumônes ne font que provoquer la paresse & l'oisiveté. Voyez l'état d'inertie & d'anéantissement dans lequel le peuple Romain est tombé, depuis que la Ville de Rome est couverte d'Hospices, de Monasteres & d'Hôpitaux. Il ne faut pas subvenir à la pauvreté ; il faut faire qu'elle n'existe pas : la perception de la dîme fait des pauvres, son produit fait des fainéants ; double obstacle aux mœurs & à l'industrie des peuples. La suppression de la dîme pour les pauvres feroit donc un remede bien plus sûr contre la pauvreté.

QUATRIEME SECTION.

CHAPITRE PREMIER.

Quels sont les moyens qu'on peut employer pour diminuer les effets de la féodalité sur l'Agriculture & ses agents.

J'AI tâché d'exposer l'origine de la féodalité, la nature des droits qu'elle a mis dans la main des possesseurs des Fiefs, l'origine & l'établissement des dîmes ecclésiastiques, & l'influence de tous ces droits sur l'Agriculture, les Laboureurs & les habitants des Campagnes. Je crois avoir prouvé que c'est aux droits féodaux & à la masse énorme des possessions du Clergé, soit comme propriétaire foncier, soit comme décimateur, que l'on doit attribuer le peu de progrès de l'Agriculture en France, & la malheureuse condition de ses agents; mais ces possessions sont consacrées par une jouissance de plusieurs siecles; la plupart des Propriétaires actuels des droits féodaux en ont payé le prix : d'ailleurs c'est une maxime constante qu'il ne faut pas ébranler le droit de propriété ; c'est l'égide & le boulevard des Empires.

Cependant l'équité ne s'opposeroit pas à en excepter les contrats par lesquels les parties se sont imposé des charges réciproques : car il est évident que si la charge cesse d'un côté, le prix accordé de l'autre ne doit plus être exigible; il n'est plus une propriété : or, si on portoit le flambeau de la discussion sur les droits féodaux, il y en auroit beaucoup dans ce cas. L'équité ne s'opposeroit pas davantage à en excepter les droits autorisés par des motifs qui existoient lors de leur établissement, & qui n'existent pas aujourd'hui. Or la dîme ecclésiastique est manifeſtement dans ce cas (22); mais il vaut mieux rejetter tout ce qui pourroit donner lieu aux conteſtations, aux procès, aux paſſions, à l'opinion & à l'arbitraire. Ce n'eſt pas aſſez de s'occuper du danger des maux; il faut prendre garde de ne pas y ſubſtituer le péril des remedes.

On ne doit pas davantage ſuivre l'exemple de l'Angleterre; il faut conſidérer en quelles circonſtances elle ſe trouvoit lors qu'elle le donna. Son éloignement pour le Papiſme, la révolution qui arriva alors dans le dogme & dans le culte, furent deux adminicules très-puiſſants pour établir le ſyſtême d'adminiſtration qu'elle méditoit : ſyſtême dont toutes les parties devoient tendre à encourager le commerce & l'Agriculture.

La France ne ſe trouve pas dans la même ſituation politique : d'ailleurs ſa conſtitution ne comporte, ni remede violent, ni commotion ſubite; elle ne doit arriver au changement, que par des mouvements chroniques, & qui n'occaſionnent aucune secousse sensible. C'est à la sagesse du Prince & de son Conseil à faire choix des moyens qui seront plus convenables aux loix, aux mœurs & au caractere de la Nation qu'il gouverne. Il n'appartient peut-être pas à un particulier, encore moins à un étranger de les lui indiquer : cependant j'oserai hazarder quelques réflexions.

Vos Souverains ne sont parvenus que graduellement à supprimer la servitude personnelle : ils ont commencé à l'opérer insensiblement dans leurs Domaines, par des actes successifs de leur bienfaisance. Leurs Vassaux imiterent peu à peu leur humanité ; ils furent enfin convaincus par l'expérience & par leur intérêt, mieux entendu, qu'il leur étoit utile de suivre l'exemple du Prince.

Le préjugé, l'opinion, l'usage consacré par une longue suite de siecles, sont les obstacles les plus difficiles à vaincre : les heurter directement, ce seroit manquer son but. On ne peut détruire l'ouvrage du temps que par le bénéfice du temps : les révolutions qu'il apporte dans la nature, arrivent pas à pas : il faut imiter cette lenteur dans les innovations qu'on introduit : c'est ainsi que vos Rois ont enfin consommé la suppression de la servitude de la personne : pourquoi ne suivroient-ils pas la même marche pour abolir un jour la servitude de la glebe ?

Voici comme je conçois qu'elle peut s'opérer sans révolution sensible, & sans nuire au droit d'autrui.

Le Roi, comme Seigneur féodal & suzerain, peut, par la plénitude du droit attaché à cette prérogative éminente, 1°. donner à ses Vassaux le congé féodal, & leur permettre, jusqu'à ce qu'il en soit autrement ordonné, de démembrer leurs terres & Fiefs, & d'en vendre à deniers d'entrée, au prix qu'ils jugeront à propos, telles portions qu'il leur conviendra, en se réservant néanmoins leurs droits honorifiques (23).

2°. Permettre à ses Vassaux de donner à

leurs Vassaux & arriere-Vassaux de la Couronne un pareil congé féodal, sauf aux Vassaux de Sa Majesté à stipuler, pour ce congé féodal, telle indemnité à deniers d'entrée qu'ils jugeront à propos.

3°. Les héritages & biens qui auront été ainsi aliénés en vertu du présent congé, ne seront plus sujets, ni au retrait féodal, ni au retrait lignager, ni à aucuns autres droits que celui du centieme denier.

4°. Ils seront de nature roturiere, & ne pourront plus être réunis aux Fiefs dont ils auront été démembrés, encore qu'ils reviennent, dans la suite, entre les mains des Seigneurs des Fiefs, par voie d'acquisition ou autrement.

Ce sacrifice seroit abondamment compensé par l'augmentation des droits de centieme denier, insinuation, lettres de ratification, &c. &c.

Sa Majesté pourroit encore nommer une Commission, composée d'Officiers du Parlement de Paris, de la Chambre des Comptes & Cour des Aides, pour juger, ſommairement & ſans frais, les procès pendants entr'elle & ſes Vaſſaux en tous Tribunaux d'où ils ſeront évoqués.

Cette derniere diſpoſition eſt conforme à la lettre & à l'eſprit de l'Edit du Roi de Sardaigne, du 19 Décembre 1771, portant affranchiſſement des fonds ſujets à des devoirs féodaux, dont je vais donner l'extrait.

CHAPITRE SECOND.

Extrait de l'Edit du Roi de Sardaigne, du 19 Décembre 1771, portant affranchissement des fonds sujets à des devoirs féodaux, &c. &c.

CHARLES-EMMANUEL expose, dans le préambule de cette Loi, les motifs qui l'ont déterminé à la publier.

« Nous reconnoissons, dit ce Prince, que » ces droits sont onéreux, non-seulement » aux débiteurs, mais souvent aux proprié- » taires, soit par les contestations insépa- » rables des exactions particulieres, soit par » les difficultés & les frais de rénovations, » qui sont, d'ailleurs, une source conti- » nuelle de procès, d'erreurs & d'abus. . . . » Il ajoute, que le soulagement de ses su- » jets, le bien du Commerce & de l'Agri- » culture sont les principaux objets de cet » Edit. »

Ce

Ce Prince crée, à cet effet, une Chambre Souveraine dans la Capitale de la Savoie, « pour procéder, de la maniere la plus » sommaire, sans procès, sans formalités » superflues, aux affranchissements des de» voirs féodaux. »

Voici les principales dispositions de cette Loi.

1°. Toutes les Villes, Bourgs & Communautés du Duché de Savoie seront admis à demander l'affranchissement général de toute taillabilité, des lods, cens, servis, plaids & autres droits de cette nature, auxquels les personnes des habitants, ou les maisons, édifices & biens quelconques du territoire pourroient être assujettis, & ce généralement envers tous les Vassaux & autres personnes ou corps, de quelqu'état ou condition qu'ils soient, qui possedent des Fiefs ou emphytéoses dans leur territoire; grace que Sa Majesté Sarde accorde, outre la liberté qu'elle a déja donnée par son Edit du mois de Janvier 1762, pour l'affranchiſſement de la taillabilité perſonnelle.

2°. Tous les poſſeſſeurs de Fiefs ſeront tenus de donner, dans le terme de ſix mois, pour les préſents, & de neuf mois pour les abſents, un état des droits qui ſeront attachés à leurs Fiefs, ſous peine d'en être privés au bénéfice de ceux qui y ſont aſſujettis, juſqu'à ce que cet état ait été fourni.

3°. Le prix de l'affranchiſſement ſera fixé par la Chambre Souveraine établie à cet effet. En cas de conteſtations entre les Parties, leſquelles, en aucune circonſtance, ne pourront jamais plaider entr'elles, lorſque le prix aura été fixé par la Chambre, elle ordonnera aux Parties de paſſer contrat dans le terme de cinquante jours. En cas de refus d'une des Parties, elle déclarera y avoir lieu à l'affranchiſſement, & cette déclaration aura force de choſe jugée, & le même effet que ſi le contrat eût été paſſé.

4°. Les Communautés ne pourront délivrer le prix de l'affranchissement aux possesseurs des droits féodaux, que sur les conclusions de l'Avocat-Fiscal-Général, dans les cas prévus, sous peine d'itératif paiement.

5°. Le Roi ne prélevera qu'une fois seulement le quatorzieme du prix de l'affranchissement, outre les autres droits qui seroient dus pour lors, pour tenir lieu de l'amortissement d'un revenu éteint à l'avenir pour la Couronne. Cependant Sa Majesté exempte de cette finance les possesseurs de Fiefs qui placeront le prix de l'affranchissement sur les fonds royaux. Elle déclare, en outre, exempts de toute finance les affranchissements des droits qui ne relevent pas de son Domaine.

6°. Les Intendants respectifs donneront les états prescrits ci-dessus à la requisition des Communautés & des particuliers, pour les droits féodaux qui sont du domaine immédiat de la Couronne, pour le prix en être également arbitré par la Chambre, le Roi desirant pareillement en faciliter l'extinction.

7°. Sa Majesté autorise les Villes, Bourgs & Communautés à aliéner, pour le prix des affranchissements, tous les effets communs qui ne leur seront pas nécessaires, sur l'avis de l'Avocat-Fiscal-Général.

8°. Il sera procédé par les Intendants aux encheres de ces aliénations, & les contrats seront toujours stipulés devant eux.

9°. Les Communautés sont autorisées à emprunter les sommes nécessaires pour les affranchissements. Les Intendants des Provinces sont chargés de veiller à ce que lesdites Communautés soient libérées, au plus tard, dans le terme de dix années, de tout engagement qu'elles auroient contracté pour les affranchissements.

10°. Le Roi aliene une partie du revenu des tailles pour fournir un emploi sûr & prompt à ceux qui, au défaut d'autre, voudront placer les sommes qu'ils retireront du rachat des devoirs féodaux; & la rente en sera acquittée, à cet effet, sur le pied de trois & demi pour cent du capital. Sa Majeſté accorde à ces rentes les privileges qui ſont attribués aux deniers royaux ; elle ne ſe réſerve que le pouvoir de les racheter, lorſque l'état de ſes finances le lui permettra.

11°. Les gens de main-morte qui ſont obligés de payer aux Seigneurs directs, de vingt ans en vingt ans, les lods d'indemnité, paieront dorénavant, à la fin de chaque année, la vingtieme partie de cette indemnité, afin de rejetter la charge ſur les poſſeſſeurs des Bénéfices à meſure du temps où ils en jouiſſent, de ſorte qu'au bout de vingt ans tout le lods d'indemnité ſoit payé (*a*).

Tels ſont les motifs & les principales diſpoſitions de la Loi bienfaiſante & tutélaire qui m'a rappellé aux foyers paternels dont les exactions féodales m'avoient éloi-

(*a*) Je joins à la fin des Notes de la premiere Partie de ce Mémoire, la copie de cet Edit, pour la commodité de ceux qui ſeront curieux d'en méditer toutes les diſpoſitions.

gné. J'y ai ramené le produit d'un travail que la liberté avoit fait prospérer dans une terre étrangere ; je l'ai employé à la culture des champs que j'ai acquis dans ma Patrie ; mes soins ont fructifié sous l'influence de la même liberté ; elle a triplé le revenu de mon domainb. Puisse l'exemple du Souverain à qui je dois ce bonheur, être imité en France, & répandre sur le travail des Laboureurs & des habitants des campagnes la même prospérité !

CHAPITRE TROISIEME.

Les droits féodaux sont peu utiles aux Propriétaires de ces droits.

On a vû, par le préambule de cet Edit, que Charles-Emmanuel étoit convaincu que les devoirs féodaux, soit relativement à la personne, soit relativement aux fonds de terre, étoient, non-seulement nuisibles à l'émulation & à l'industrie, mais encore qu'ils n'étoient pas aussi utiles aux Propriétaires qu'ils se le persuadoient; que ces devoirs leur étoient même onéreux, « soit par les » contestations inséparables des exactions » particulieres, soit par les difficultés & les » frais de rénovations, qui sont, d'ailleurs, » une source continuelle de procès, d'er- » reurs & d'abus. » Je ne puis me refuser d'entrer dans quelques détails à ce sujet.

Si les Seigneurs vouloient se rendre un

compte exact du produit net des droits attachés à leurs Fiefs, de ce qu'il en coute pour les percevoir, les conserver, les défendre & les renouveller, ils n'en feroient pas si jaloux : ils se convaincroient qu'ils leur sont peu avantageux, & que le prix qu'ils retireroient des affranchissements, leur seroit beaucoup plus profitable.

Cette espece de propriété est sujette à des soins, des précautions & des dépenses considérables. Il faut, pour les percevoir, des Régisseurs, des Fermiers, des Collecteurs, des rôles, &c. &c... S'agit-il de les conserver? il faut des Intendants, des Préposés qui veillent à l'administration, qui suivent les mutations, &c... Les droits sont-ils contestés? il faut pour les défendre un Conseil, des Avocats, des Procureurs, des archives, des plans géométriques, des Mémoires, des sollicitations, &c... Les Tribunaux retentissent tous les jours des disputes élevées à l'occasion de ces devoirs. La plupart des procès ont leur racine dans la féodalité (24) : il arrive presque toujours que les parties, également ruinées par l'attaque ou par la défense, ont dépensé plus en frais, que ne vaut le fonds de la contestation. S'agit-il de devoirs personnels, de corvées, de travaux corporels ? ils sont toujours mal acquittés, sans profit pour le Seigneur, & avec beaucoup de perte de temps pour le débiteur. S'agit-il de rénovations ? il faut des reconnoissances, des lieux & des personnes, des Commissaires à terriers, des Procès-verbaux d'arpentage, des aveux & dénombrements : autre source de dépenses & de difficultés. L'assemblée de la Haute-Guienne avoit donc raison d'observer en 1780, que « les droits féodaux avoient mis des entraves nuisibles à tout le monde, sans être avantageuses à personne. » (a)

J'ajoute que, lorsqu'il s'agit de la rénovation, c'est toujours le fort qui appelle le foible à la confection des titres nou-

(a) Voyez ci-dessus, Section seconde, Chap. I, page 29.

veaux. Les débiteurs d'une condition infime ou peu élevée, ignorants ou peu instruits, sont toujours intimidés par l'appareil de ces opérations, par la dignité, la faveur ou l'opulence des Seigneurs, & par l'ascendant que le temps & l'habitude leur ont acquis sur leurs Vassaux. La plupart de ceux-ci souscrivent, sans connoissance de cause, des devoirs dont les titres n'ont été, ni discutés, ni éclairés par le ministere public, ni même représentés : sorte de clandestinité qui a fait naître ou confirmer bien des droits qui n'auroient pu souffrir l'examen & la discussion.

Il résulte de ces réflexions qui n'ont pas échappé à la sagesse & à la sagacité du Législateur de la Savoie, que les frais occasionnés par les devoirs féodaux, enlevent le quart de leur produit : ce quart perdu pour le Propriétaire, n'est pas moins payé par le débiteur ; il passe dans les mains des gens d'affaires, des gens en sous-ordre, dont l'intérêt est toujours d'étendre la perception pour augmenter leurs remises, ou dans les mains des praticiens plus redoutables encore par leurs chicanes & leur voracité.

Si les Seigneurs affranchiſſoient les fonds, ils ſe procureroient un revenu plus conſidérable & d'une perception plus facile ; ils pourroient employer le prix de l'affranchiſſement en acquiſition de fonds de terre, ou les placer dans les fonds publics.

Dans le premier cas, il eſt évident que preſque tous les frais de la perception, de la conſervation, de la rénovation diſparoiſſent ; qu'au lieu de cette multitude de droits & de débiteurs épars, tout ſe réduiroit à la meilleure culture des nouveaux fonds acquis, plus de papiers terriers, plus de Commiſſaires, plus de procès. Les Vaſſaux, dégagés envers leurs Seigneurs, ceux-ci envers leurs ſuzerains, jouiroient d'une propriété pléniere, s'il eſt permis de ſe ſervir de ce terme : cette liberté laiſſeroit entre les mains du Propriétaire tout le prix de ſon labeur, & provoqueroit l'émulation & le travail.

D'ailleurs, qui ne voit pas que la glebe affranchie de la servitude réelle, croîtroit en valeur, parce qu'elle ne seroit plus chargée d'un sur-prix de franc-Fief, de lods & vente, &c.... au profit du Seigneur féodal, lors des mutations; que ces mutations seroient plus fréquentes, parce qu'elles entreroient avec moins de frais dans le commerce; que les mutations amenant de nouveaux possesseurs, l'amour de la nouvelle propriété inspire toujours le désir de l'amélioration au profit de l'Agriculture & de la valeur des fonds; que les richesses acquises annuellement par les arts & par le commerce, pouvant dorénavant s'échanger sans embarras & sans dépense contre des terres franches & libres, la concurrence en augmenteroit le prix au profit des Seigneurs qui auroient placé en fonds celui des affranchissements; avantage qui s'étendra sur leur postérité, parce que le nombre & l'étendue des fonds étant fixe, & l'accroissement des richesses pécuniaires ne l'étant pas, la concurrence, dans l'échange de ces richesses & des terres, sera toujours en faveur des dernières. Il me paroît donc vrai que, dans ce premier cas, les Seigneurs seroient assurés d'un revenu plus considérable, d'une perception plus facile, & que l'avenir leur promet une augmentation que leur propriété actuelle ne leur présente pas.

Dans le second cas, leur revenu sera encore plus considérable & plus aisé à régir & à percevoir.

Supposons qu'un Propriétaire de Fief retire de ses droits féodaux un revenu de dix mille livres, & qu'il place sur les fonds publics le prix qui lui sera payé pour l'affranchissement de ces droits; on peut présumer, avec beaucoup de vraisemblance, que le rachat s'opérera sur le pied du denier trente. Le Propriétaire recevra 300,000 livres; l'emploi de cette somme dans les fonds publics lui rapportera 15,000 livres net, parce que, pour recevoir cette rente, il n'a plus d'autre soin, d'autres frais que de donner une ou deux quittances annuellement. Dans l'état actuel, au contraire, le Propriétaire ne reçoit que 10,000 livres, dont il faut soustraire le quart pour les frais de perception, administration, &c. &c. reste 7,500 liv. Son revenu, opéré par l'affranchissement, sera donc à son ancien revenu comme 15,000 livres sont à 7,500 livres; c'est-à-dire, qu'il sera doublé. Cette augmentation aura encore l'avantage de le décharger de tout soin & de tout embarras (*a*).

Les possesseurs de Fiefs ont donc un très-grand intérêt à concourir à l'affranchissement des fonds, & à ne pas écouter les anciens préjugés qu'on auroit pu leur

(*a*) On observera peut-être que le Propriétaire des droits féodaux ne pourra employer le prix de ses affranchissements dans les fonds publics sur le pied du denier vingt; eh bien! en supposant qu'il ne le placera qu'au denier vingt-cinq, ce qui effectivement est très-probable, si les finances de la Nation sont régies avec économie, le Propriétaire qui, dans l'hypothese, reçoit actuellement 7,500 livres net, recevroit encore 12,000 livres; ce qui tierceroit, & plus encore, son revenu actuel. Quand même il ne le placeroit qu'à trois pour cent, il auroit encore 9,000 livres net, au lieu de 7,500 livres.

inſpirer à cet égard. Le rachat des devoirs féodaux n'ôteroit rien à leurs prérogatives, ni à leurs droits honorifiques : ils ne ſeroient pas moins reſpectables par leurs titres, par leur nom & par leurs dignités. Je plains ceux qui placeroient excluſivement leur conſidération dans la poſſeſſion de droits auſſi funeſtes à l'humanité ; ils ſeroient bien peu jaloux de celle que l'on acquiert par l'amour de ſes ſemblables, la bienfaiſance, le mérite perſonnel, les talents & la vertu.

Si on conſidere l'affranchiſſement des devoirs féodaux, relativement aux débiteurs, c'eſt-à-dire, aux Laboureurs & aux habitants des campagnes, je crois avoir prouvé qu'il leur ſeroit très-profitable, & que ce ſeroit le moyen le plus sûr d'animer le Commerce, les Arts & l'Agriculture, qui ne proſperent que par la liberté. Tout concourt donc à déſirer que la France ſe hâte d'opérer l'affranchiſſement des ſervitudes réelles. Les branches de son industrie & de sa culture ne donneront des fruits abondants, que lorsqu'elles s'éleveront sur les décombres de la féodalité (24).

CHAPITRE

CHAPITRE QUATRIEME.

Autres avantages de l'affranchissement des devoirs féodaux.

Si vous admettez le peuple à l'affranchissement des fonds de terre, il en résultera une foule d'avantages : vous soulagerez les Propriétaires, les Laboureurs & les habitants des campagnes ; vous procurerez à l'Etat un accroissement de revenu ; vous rendrez plus facile la réduction & même l'extinction de la dette nationale, dont les arrérages surchargent aujourd'hui, comme je le ferai voir dans la seconde Partie de ce Mémoire, les Cultivateurs & tous les Collaborateurs de l'Agriculture.

J'ai déja fait remarquer qu'il ne falloit pas ordonner, ni faire exécuter par aucune loi coactive, le rachat des devoirs féodaux. L'opération trop prompte devien-droit impossible ; tout le numéraire du Royaume n'y suffiroit pas : elle ne peut se faire que graduellement, par une marche lente & proportionnée à la rentrée & à la reproduction des richesses pécuniaires ; ce ne peut être que l'ouvrage du temps. Il suffit que le Roi commence par permettre le rachat des devoirs féodaux dans ses Domaines ; qu'il laisse aux parties la liberté de traiter de l'affranchissement aux conditions qui leur conviendront, soit à deniers d'entrée, soit par la cession d'une partie d[u] fonds, pour sauver le reste, à perpétuité, de toute redevance féodale.

C'est ainsi que l'on parviendra, successivement, à opérer l'affranchissement de la glebe, comme s'est opéré insensiblemen[t] l'affranchissement de la personne.

Le Roi a encore un moyen plus puissant d'accélérer & de multiplier les affranchissements qui portent en eux le germ[e] d'une grande prospérité à venir, si on sai[t] le développer.

Il est important de faire observer à ce sujet qu'il y a deux especes de Propriétaires des droits féodaux très-différentes ; savoir, les Propriétaires laïques, & les Propriétaires ecclésiastiques. Cette nature de propriété, dans les mains des premiers, est, sans doute, très-onéreuse au peuple & à l'Agriculture ; mais au moins ces propriétés sont commerçables ; elles appartiennent à des peres de famille ; elles contribuent aux charges de l'Etat : ces propriétés, dans la main des seconds, non moins onéreuses, ont encore le vice d'être inaliénables, d'appartenir à des usufruitiers, & de ne pas contribuer aux impôts publics, ou de n'y contribuer que dans une proportion très-inégale.

Les Corps, les Communautés, les gens de main-morte sont mineurs ; par cela même, ils sont plus immédiatement sous le régime de l'administration & de l'œil vigilant du Magistrat. Si leur existence ou la maniere dont ils existent, est contraire au bonheur de la société ; si elle affoiblit ou détruit les rapports qui doivent subsister entre toutes les classes de citoyens qui la composent ; les Magistrats, chargés de maintenir l'ordre, & de veiller à ce que les intérêts particuliers ne nuisent pas à l'intérêt de tous, seroient-ils blâmés de présenter à l'autorité légitime les moyens de rétablir ces rapports ? Qui n'applaudiroit pas, au contraire, à leur zele & à leur patriotisme, s'ils provoquoient une loi par laquelle le peuple seroit admis à faire le rachat de tous les devoirs féodaux appartenants aux gens de main-morte, sous des conditions raisonnables, & fixées par le Prince ? Car ce n'est plus le cas de laisser aux parties la liberté de traiter de l'affranchissement aux conditions qu'ils jugeront à propos. Les propriétés ecclésiastiques ne sont, pour la plupart, ni le prix du labeur & des peines du Propriétaire, ni un bien héréditaire, ni le prix d'un travail personnel ou paternel, ni le patrimoine des auteurs de ceux qui les possedent. Nous n'avons plus affaire à des peres de famille sur le sort desquels le

Gouvernement doit veiller avec plus de sollicitude, parce qu'ils ont des enfants, l'espérance de la Nation; parce qu'ils sont chargés de les entretenir, de les élever, de les nourrir & de les former pour elle; parce qu'ils cultivent & qu'ils améliorent pour la génération qui leur succédera. Il est question de gens de main-morte, qui, n'ayant pas de postérité, ne présentent pas des intérêts aussi chers. Il est question d'usufruitiers qui jouissent, sans s'inquiéter du sort de leurs successeurs. Il est question d'une classe d'individus qui ne préparent rien pour l'avenir, parce qu'ils meurent tout entiers, & qu'ils sont nuls pour la génération future : leurs possessions doivent être, par conséquent, plus particuliérement, plus directement régies & gouvernées par l'œil prévoyant de l'administration publique, & co-ordonnées par elle à l'intérêt général.

D'après ces principes, puisés dans la nature des choses, seroit-il injuste que le Prince permît le rachat de tous les devoirs féodaux appartenants aux gens de main-morte, & en fixât le prix & les conditions de la maniere suivante ?

1°. Que l'affranchissement ne pourra se faire qu'à deniers d'entrée seulement.

2°. Que le prix sera évalué sur un produit moyen de dix années, & qu'il sera payé sur le pied du denier vingt de ce produit ; c'est-à-dire, qu'un produit moyen de mille livres sera rachetable par une somme de vingt mille livres.

3°. Que les deniers d'entrée qui proviendront de l'affranchissement, seront versés au Trésor-Royal, sous peine d'itératif paiement.

4°. Que le Roi assurera aux Propriétaires Ecclésiastiques un intérêt net de trois ou de trois & demi pour cent des sommes versées à la Caisse publique : intérêt qui compensera l'ancien revenu, déduction faite des frais de régie, de collecte & de casualité.

5°. Que les terres ainsi affranchies le seront pour toujours, & ne pourront plus être sujettes à aucuns droits, excepté aux impositions royales.

6°. Qu'elles ne pourront plus être réunies à aucun Fief, encore qu'elles rentrent dans la suite entre les mains de possesseurs de Fiefs ecclésiastiques ou laïques, par voie d'acquisition ou autrement.

Je ne sais si je me trompe; mais il me semble qu'il résulteroit d'une pareille Loi de très-grands avantages pour le peuple & pour l'Etat.

Les Propriétaires Ecclésiastiques continueroient à avoir le même produit net; cependant les terres devenues libres dans les mains du possesseur, l'inviteroient à en porter la culture au plus haut dégré, parce qu'il ne seroit plus contraint de partager la récolte avec le Seigneur féodal. Cette liberté entiere & absolue rendroit une plus grande valeur aux terres, parce qu'elles deviendroient réellement siennes, dégagées de toute co-propriété, & que le pere de famille laisseroit à ses descendants une possession franche, libre, dont le prix seroit accru de tout le produit des droits féodaux dont elle seroit déchargée.

Le Propriétaire n'étant plus contribuable du devoir féodal, mais seulement des impositions royales, auroit une double facilité pour les acquitter promptement, & parce qu'il seroit affranchi de ce devoir, & parce que l'affranchissement lui auroit procuré le moyen de rendre la terre plus féconde.

La somme de tous les devoirs féodaux perçue aujourd'hui par les Ecclésiastiques, ne paie rien ou presque rien à l'Etat; cette somme, rentrée dans les mains du peuple, contribueroit à l'impôt public en raison des autres propriétés.

Le versement au Trésor-Royal des fonds provenants des affranchissements, le tiendroit dans l'aisance, donneroit lieu au remboursement des deniers empruntés à plus haut prix, diminueroit la dépense publique, & procureroit successivement la possibilité de diminuer les impôts; enfin le Trésor-Royal seroit plus aisé, & les Labouteurs, & les habitants des campagnes moins chargés.

Il y a encore un moyen très-efficace d'alléger leur fardeau ; c'eſt la ſuppreſſion ou le rachat des dîmes eccléſiaſtiques.

On doit ſe rappeller qu'elles n'ont été établies que parce que l'Egliſe n'avoit plus alors des revenus ſuffiſants pour l'exercice de ſon culte & pour l'entretien de ſes Temples & de ſes Miniſtres. On doit ſe rappeller encore que la Nation, prévoyant tous les maux qui en réſulteroient pour ſes deſcendants, ne conſentit à leur établiſſement qu'à condition qu'ils pourroient les racheter.

Les motifs qui ont donné lieu à cet impôt ſubſiſtent-ils encore ? l'Egliſe n'a-t-elle pas aujourd'hui des revenus & des propriétés aſſez conſidérables, indépendamment des dîmes pour ſubvenir à ſes beſoins ? Perſonne n'élevera de doute à cet égard. Si elles ne ſont plus néceſſaires, ſi elles ne ſont plus qu'une richeſſe ajoutée à une autre richeſſe, il faut en décharger le peuple cultivateur, que cette richesse additionnelle appauvrit.

Si les dîmes sont encore nécessaires, ce qui n'est pas présumable, elles le sont en totalité ou en partie; il faut décharger le peuple de toute la portion superflue, & lui permettre de faire le rachat de l'autre. Enfin, si elles sont nécessaires en totalité, ce que l'on aura peine à prouver, il faut encore admettre le peuple à les racheter en entier, pour faire cesser à l'avenir un impôt si contraire à l'amélioration & aux progrès de l'Agriculture.

Le produit de l'affranchissement successif des dîmes, versé encore au Trésor-Royal, l'Etat en assureroit la rente au Clergé à trois ou trois & demi pour cent. Ce seroit une nouvelle ressource de finance, & un grand soulagement pour le Trésor-Royal, qui rembourseroit une somme plus considérable de capitaux emprunés à un plus haut prix : ce seroit une nouvelle économie dans la dépense; enfin un nouveau moyen de réduire, même d'éteindre la dette nationale, par conséquent de diminuer les impôts & d'alléger le fardeau du peuple.

Le rachat des droits féodaux, celui des dîmes ecclésiastiques nécessaires à l'entretien du Clergé, & la suppression de celles qui seront superflues, nous paroissent le moyen le plus puissant qu'on puisse employer pour assurer les revenus de l'Etat, & les poser sur des fondements solides & durables. Il offre un grand soulagement au peuple; il ouvre la voie à une répartition plus équitable, plus étendue & mieux proportionnée, & présente une base assez large pour suffire, dans toutes les circonstances, aux accidents & aux non-valeurs, (car en toutes choses, pour avoir le nécessaire, il faut avoir le superflu.) C'est faute d'avoir connu cette ressource féconde, que les Ministres de vos Finances ont marché, depuis un siecle, sur un plan étroit & mobile, ramassant autour d'eux de petits moyens, & ont étendu, à droite & à gauche, leur main oppressive sur le peuple, pour rétablir, de temps en temps, l'égalité; semblables à ces funambules qui portent leur balancier tantôt d'un côté, tantôt de l'autre, pour conserver l'équilibre.

Ne perdez jamais de vue cette importante vérité, que c'est le peuple qui, par ses consommations & ses travaux, fournit à l'Etat la plus grande partie de ses revenus; il faut donc lui en faciliter les moyens par toutes les voies possibles. « Ce ne sont » pas les têtes qu'il faut compter, mais » plutôt les bras, disoit, il y a près de deux » siecles, le Chancelier Bacon : cent mille » hommes qui gagnent sans dépenser beau- » coup, ne chargent pas l'Etat comme font » cent familles de ces Grands qui dépensent » sans travailler, & sur-tout sans payer » l'industrie. *Trop de Noblesse appauvrit* » *l'Etat, un Clergé nombreux le surcharge.* » Ces deux Corps dévorent la partie la » plus essentielle de tout l'Empire, c'est- » à-dire, le peuple, qui veille & travaille, » tandis que l'autre partie dort, digere &

» vaque, tout au plus, à la pressante af-
» faire de ses plaisirs. »

Je vais passer à d'autres moyens subsidiaires, qui pourront être encore utilement employés à améliorer la condition des Laboureurs, des Journaliers, des habitants des campagnes, & celle de leurs femmes & de leurs enfants.

Fin de la premiere Partie.

NOTES
SUR
LA PREMIERE PARTIE,

Servant de complément aux différents Chapitres qui la composent.

NOTES SUR LA PREMIERE PARTIE.

(Note 1.) IL paroît que le système féodal n'avoit pas pénétré en Angleterre avant la conquête de Guillaume. Ce Prince y établit alors les Loix féodales qui régnoient en France dans toute leur rigueur (*a*). Les Anglois devinrent serfs des François. Ceux-ci se plaisoient à les courber sous le plus dur esclavage (*b*). Cet état violent ne pou-

(*a*) *Concessit Guillelmus I Legem Edwardi Confessoris cum quibusdam auctionibus in singulis observandam. Quæ igitur in cartâ deprehenduntur Henrici I de suo addita & ad Legem Edwardi Confessoris minimè pertinentia. Orta videntur ratione juris feudalis quod Anglis primus imposuit Guillelmus Conquestor.* (Spelman. de rebus Anglicis.).

(*b*) *Illud dénique certum est Anglos penè omnes, etiam quos admisit primò, ejecit demùm Guillelmus Conquestor, vel in Normannorum clientelam, quam homagium vocant, subjugavit. Sic Edwinum suprà vides, & in libro censuali, vulgò* Domesdei, *quo describi fecit totam Angliam vix reperitur. Anglus quispiam à Rege tenens in capite, sed à Franco aliquo cui illud Rex concesserat dominium.* (Spelman. Cod. Leg. veter. in Guillelm. I.)

voit durer. Ce peuple généreux brisa enfin sa chaîne, & le premier donna l'exemple d'une énergie qui fut lentement imitée par les autres nations. Le peuple y jouit aujourd'hui d'une entiere liberté, sans qu'aucune loi positive en eût fait un devoir. Les *vilains* ne different presque plus des

---

5

Voyez aussi D. Martenne, Thes. Anecd. Tome III, p. 564, Chron. Sithieuse, cap. 29, part. 3, vous y trouverez la preuve de la dureté avec laquelle les Seigneurs féodaux traitoient leurs vassaux en Angleterre. *Iste Rodulfus.... genuit filium Rodulphum, hominem superbum, ferum & in suis prædonem, qui in terrâ suâ servitutem induxit, quæ Colvokerlia vocabatur, per quam populares adstrixit ut arma nullus nisi clavas deferret, & indè Colvokerli dicti sunt, quasi rustici cum clavâ, nam eorum vulgare* Colve *clavam, &* Kerel *rusticum sonat. Item servitutem aliam induxit, ut quilibet vir, mulier, puer, aut infans ei denarium unum solveret in anno, in nuptiis quatuor, & in morte quatuor; & quisque advena per annum ibidem moraretur, eidem servituti subdebatur. Iste Rodulphus.... in torneamento Parisiis equo dejectus, à canibus laceratus est, cujus corpus in Sequanâ projectum nunquam potuit inveniri.*

Litleton nous apprend (Voyez ses Instit.) que, sous le régime féodal introduit par les François, les Anglois n'avoient plus de propriété pendant leur vie, pas même de leur personne. On les vendoit séparément de leurs cultures, ou leurs cultures sans eux. Leur servitude fut si complete, qu'un ancien Jurisconsulte les appelloit, *beast en parkes, pissons en servors, oiseaux en cage.* Ne nous étonnons plus de la haine & de l'espece de rancune nationale que l'Angleterre conserve encore contre la France. Elle a porté long-temps les cicatrices des fers que la barbarie féodale lui a imposés par la main des François.

francs-tenanciers, qu'en ce qu'ils n'ont pas le droit de suffrages dans les élections. On les nomme *Copy-holders*.

(2) Il est vraisemblable qu'il y a eu deux servitudes différentes; savoir, la servitude domestique & la servitude à la glebe. La premiere est celle qui étoit établie chez les Romains, & qui étoit en usage lorsque les Francs conquirent les Gaules: les esclaves appartenoient plus particuliérement à leurs maîtres; ils les achetoient, les échangeoient & les déplaçoient à leur volonté; c'étoit, pour ainsi dire, un mobilier dont ils disposoient comme bon leur sembloit. La seconde, introduite par le systême féodal, differe de la premiere, en ce que les serfs devinrent une propriété, non-seulement du maître, mais de la glebe à laquelle ils étoient affectés, *addicti glebæ*: la glebe pouvoit changer de propriétaire; mais les serfs restoient à la glebe. Cette seconde servitude avoit contracté, s'il est permis de s'exprimer ainsi, le caractere d'immeuble.

Lorsque les Seigneurs vendoient leurs Fiefs, ou que les Fiefs passoient en d'autres mains, par partage ou succession, les serfs qui y étoient attachés, les suivoient, dans tous les cas, comme partie inhérente & inséparable des Fiefs. Je ne connois pas d'exemple, depuis l'établissement de la féodalité, d'aucune vente ou mutation de serfs sans la glebe, ni de la glebe sans les serfs. Ceux-ci étoient, pour ainsi dire, inféodés. (*Voyez la note* 8, *à l'appui de celle-ci.*)

(3) Les Grands, assemblés à Andely, pour traiter de la paix entre Gontran & Childebert, forcerent ces Princes à renoncer au droit de reprendre les Bénéfices qu'ils avoient conférés, ou qu'ils conféreroient à l'avenir aux Eglises & aux *Leudes. Quidquid antefati Reges Ecclesiis aut fidelibus suis contulerunt, aut adhuc conferre cum justitiâ, Deo propitiante, voluerint, stabiliter conservetur.* (Greg. Turon. Lib. 9, Cap. 20.)

Il est vrai qu'on ne peut pas conclure rigoureusement de ces expressions, que les Bénéfices furent alors rendus héréditaires, mais seulement que les Rois renoncerent au droit d'en dépouiller les titulaires pendant leur vie. La question fut décidée irrévocablement dans la célebre Assemblée des Evêques & des *Leudes*, tenue à Paris en 615, après la mort de la Reine Brunehaud. Cette Loi assura l'hérédité des Bénéfices à ceux qui en étoient revêtus. Elle fut tellement reconnue, que, 45 ans après l'Assemblée de Paris, Marculfe, Ecrivain contemporain, en fait une clause particuliere dans un acte de donation de Bénéfice. Voici ses termes : *Ita ut villam jure proprietario ullius expectatâ judicum traditione habeat atque possideat, & suis posteris, Domino adjuvante, ex nostrâ largitate, aut cui voluerit ad possidendum relinquat.* (Voyez Formul. 14, Lib. 1.)

Le préjugé avoit attaché aux possesseurs des Bénéfices cédés par le Roi à perpétuité, des distinctions & des prérogatives dont les autres Propriétaires ne jouissoient pas. Ce qui donna lieu à un usage bizarre & singulier, dont on trouve plusieurs exemples en ce temps-là. Ceux-ci imaginerent, pour partager les mêmes honneurs dans l'opinion publique, de convertir leurs propres en Bénéfices. Ils donnoient leurs biens au Roi, qui les leur rendoit ensuite à perpétuité, à titre de Bénéfices, recevoit leur serment de fidélité, & les admettoit au nombre de ses *Leudes*.

Marculfe nous a conservé la formule de cette investiture singuliere. La voici : *Veniens ille fidelis noster* ibi *in palatio nostro, in nostrâ vel procerum nostrorum præsentiâ, villas nuncupatas* illas, *sitas in pago* illo *suâ spontaneâ voluntate nobis per festucam visus est werpisse vel condonasse, in eâ ratione, si ità convenit, ut dum vixerit, sub nostro beneficio debeat possidere, & post suum discessum, sicut adfuit petitio, nos ipsas villas fideli nostro* illi *plenâ gratiâ visi fuimus concessisse. Quapropter per præsens decernimus quod* perpetualiter *mansurum jubemus, ut dummodò* illius *decrevit voluntas, quod* ipsas *villas in supradictis locis, nobis voluntario ordine visus est læsowerpisse vel condonasse, & nos prædicto viro* illi *ex nostro munere largitatis, sicut ipsius* illius *decreverit voluntas, concessimus . . . dum advixerit absque aliquâ diminutione, de quâlibet re usufructuario ordine debeat possidere ; & post ejus discessum memoratus* ille *habeat, teneat & possideat*, & suis posteris aut cui voluerit *ad possidendum relinquat.* (Marculfe, Lib. 1, Formul. 13.)

(4) Les Seigneuries sont beaucoup antérieures aux Fiefs. On doit en chercher l'origine dans l'ambition des *Leudes*, des *fideles* & des Grands attachés à la Cour. Les descendants de Clovis voulurent étendre leur autorité & atténuer la démocratie militaire, qui étoit le caractere distinctif du premier gouvernement des Francs. Les Loix saliques & ripuaires, & les Ordonnances des premiers Rois Mérovingiens n'étoient pas même intitulées du nom du Prince. Ce ne fut qu'après que ces Rois s'abstinrent de convoquer les Assemblées du Champ de Mars, & s'atrogerent le droit de faire des Loix sans le concert de la Nation, qu'ils mirent leur nom à la tête de leurs Ordonnances.

Le premier exemple qu'on puisse en citer est sous Childebert en 595. Cette nouveauté étoit une suite des progrès que l'autorité royale avoit faits depuis Clovis.

Les Grands imiterent cette politique dans les Domaines qu'ils tenoient de la libéralité du Prince. Les plus puissants affecterent une sorte de suprématie. Ils exercerent la justice, confiée originairement aux Officiers du Roi. Ils forcerent les plus foibles à relever de leurs jugements, & à reçonnoître leurs décisions comme des Loix. C'est là le premier germe des justices seigneuriales.

Nous allons essayer d'établir la différence qu'on doit mettre entre les Bénéfices, les Seigneuries & les Fiefs.

Les Bénéfices étoient, sous les Rois de la premiere race, des terres qu'ils détachoient, pour un temps, de leur fisc, & dont ils accordoient l'usufruit à leurs Leudes. Ces bénéfices n'imposoient aucune obligation que le serment de fidélité; mais aussi ils ne donnoient aucun pouvoir aux Bénéficiaires. Ceux-ci n'exerçoient aucune autorité, & n'avoient aucun pouvoir, civil ou militaire, sur les habitants de ces Domaines. Ces habitants étoient jugés, en temps de paix, & commandés, en temps de guerre, par les Ducs

& les Comtes ou Gouverneurs dans le ressort desquels ils étoient compris.

Les fils de Clovis, comme nous l'avons remarqué ci-dessus, convoquerent plus rarement les assemblées du Champ de Mars, qui restreignoient leur autorité; ils s'abstinrent ensuite de tenir les grands jours pour augmenter leur puissance; ils jugeoient souverainement toutes les affaires publiques avec le seul conseil de leurs *Leudes* ou *fideles*. Ceux-ci imitant dans leurs bénéfices la conduite du Prince, se firent les arbitres & ensuite les juges de toutes les causes dont les Ducs & les Comtes furent insensiblement dépouillés. Cependant ces bénéfices furent encore amovibles jusqu'à l'Assemblée de Paris qui les déclara héréditaires en 615. Ils devinrent alors des Seigneuries ou des Propriétés Seigneuriales dans les familles qui en étoient alors revêtues, par deux raisons: la premiere, parce que ces Domaines n'étoient plus dans leurs mains une jouissance précaire, mais une possession à perpétuité; la seconde, parce que l'usage qui étoit devenu une espece de prescription, y avoit attaché depuis long-temps l'exercice de la justice; mais ces Seigneuries n'étoient pas encore des Fiefs chargés d'un service militaire particulier assigné à chaque Domaine. On ne trouve aucune trace de vassalité, ni de système féodal avant la Régence de Charles Martel.

Ce Prince créa de nouveaux Bénéfices, mais d'une nature toute différente. « C'est ce qu'on » appella depuis des fiefs, dit M. l'Abbé de » Mably, c'est-à-dire, des dons faits à la charge » de rendre au bienfaiteur des services militaires » & domestiques; par cette politique adroite, il » s'acquit un empire plus ferme sur ses Béné- » ficiers.... qui furent appellés du nom de Vas- » saux, qui signifioit alors & qui signifia encore » long-temps des officiers domestiques. » (*Voyez observ. sur l'Hist. de Fr. tome I.*)

Charles Martel s'accoutuma à regarder ses Vassaux ou Capitaines comme le corps entier de la Nation; & lorsqu'en mourant il voulut partager son Empire, il n'appella qu'eux pour être témoins & garants de ce partage. Cependant le mot *Fief* par lequel nous désignons aujourd'hui ces nouveaux bénéfices, ne fut généralement adopté que vers le temps de Charles le Simple, si l'on en croit M. du Cange. (*Voyez son Glossaire au mot* Feudum.)

Les Grands, qui ont toujours eu, sur-tout en France, la vanité d'imiter le Prince, créerent des bénéfices dans leurs Domaines, & se firent des Vassaux à l'exemple de Charles Martel : ils s'attacherent, par ce lien, toute la petite Noblesse. Les devoirs des Vassaux des Seigneurs ou arrieres-Vassaux de la Couronne, étoient de remplir des offices dans leur maison, de les accompagner à la guerre, de les servir dans leurs querelles particulieres & de leur faire cortege.

On trouve le premier exemple de cette vassalité envers les Seigneurs, dans un Capitulaire de Pépin en 757, art. 6, où on lit : *Homo francus accepit beneficium à seniore suo, & duxit secum suum vassallum, &c.*

Les Seigneurs laïques, les Evêques & les Abbés multiplierent successivement ces concessions dans leurs Domaines, avec les charges dont nous avons parlé : delà, l'origine de la vassalité & de la féodalité.

Mais il n'y avoit pas encore de Gouvernement féodal proprement dit : c'est seulement sous le regne de Charles le Chauve & de ses successeurs qu'on voit s'élever cette espece d'aristocratie qui établit un nouvel ordre de choses chez les François, & un nouveau droit public, tout différent de celui qui avoit existé jusqu'alors.

On doit en chercher la cause dans la foiblesse de ce Prince, qui consentit à rendre non-seulement les Bénéfices créés par Charles Martel, mais encore tous les Comtés, héréditaires. Les Comtes qui avoient déja commencé à conférer tous les Bénéfices royaux dans leur reſſort, s'étant fait beaucoup d'amis & de créatures, devinrent alors aſſez puiſſants pour ſe rendre indépendants du Roi. Ils ne reconnurent plus ſes Ordonnances, ni ſes Envoyés, rendirent leurs juſtices ſouveraines, & ne permirent plus qu'on appellât de leurs jugements à la juſtice du Roi. Les Seigneurs particuliers, à l'imitation des Comtes, s'attribuerent dans leurs terres preſque tous les droits régaliens.

Cependant il reſta un ſimulacre de l'ancienne ſubordination dans la Foi & Hommage que les Comtes refuſerent d'autant moins de prêter aux princes Carlovingiens qui continuerent à porter le vain titre de Roi, qu'ils étoient déja aſſez puiſſants pour ne pas ſe croire obligés par leur ſerment, ou pour le violer impunément. Les Seigneurs particuliers rendirent auſſi de leur côté Foi & Hommage à leurs Comtes, lorſqu'ils n'étoient pas aſſez forts pour s'en exempter : car pluſieurs d'entre eux eurent aſſez de pouvoir ou de bonheur pour ne reconnoître aucune ſupériorité. Ceux-là prétendirent ne relever que *de Dieu & de leur épée*; leurs Domaines reſterent des principautés indépendantes ſous le noms d'*Alleuds* ou de terres *allodiales*.

C'eſt la Foi & Hommage, ainſi donnés & reçus par les Comtes & les Seigneurs à la charge d'un ſervice militaire & domeſtique, qui conſtituerent la *ſuzeraineté* & le gouvernement féodal ; & l'on appella depuis *Fief* une poſſeſſion en vertu de laquelle on y étoit tenu.

Nous croyons que telle eſt l'idée qu'on doit ſe former des Bénéfices, des Seigneuries & des Fiefs, qui contracterent un caractere différent, ſuivant les différentes révolutions qui changerent le gouvernement civil & militaire des François ſous les Rois de la premiere & de la ſeconde race. (*Voyez à ce ſujet les Obſervations de M. l'Abbé de Mably, ſur l'Hiſtoire de France, Tome I.*)

Cependant ſi l'on doit entendre par le mot de Fief ce qui fait l'eſſence de la choſe & la conſtitue, ſavoir, la conceſſion des terres ſous la charge du ſervice militaire, il eſt certain que les Fiefs remontent à un temps très-éloigné, c'eſt-à-dire, plus de 500 ans avant l'Ere chrétienne : l'Hiſtoire de Cyrus par Xénophon en fait foi ; on y trouve la premiere inſtitution des Fiefs : on peut même en faire remonter l'origine à une époque beaucoup plus reculée. Si nous en croyons le Pere du Halde, cet ordre féodal exiſtoit à la Chine deux mille quatre cents ans avant notre Ere. Il y fit les mêmes ravages que dans les Gaules,

& les Monarques de ce vaste Empire ne purent rétablir leurs droits de souveraineté sur leurs Vassaux, que par l'extinction totale du Gouvernement féodal. Car c'est le propre de ce système, remarque un judicieux Auteur, de ne donner des rivaux aux Rois, que pour leur donner des maîtres, & des tyrans aux peuples.

Il est très-probable que cette forme politique s'étendit de l'Orient dans le Nord, par la Tartarie, qui la conserve encore aujourd'hui ; delà dans la Russie, la Suede, le Danemarck, la Pologne, l'Allemagne, l'Angleterre & la France, & qu'elle donna naissance aux premiers Codes féodaux qui ont été successivement adoptés par toutes les Nations de l'Europe, avec des nuances peu sensibles & seulement relatives aux différents caracteres de ces peuples, à mesure qu'ils sortirent de la barbarie où ils étoient plongés; car on ne peut pas se dissimuler que la féodalité, constitution terrible, qui donna des fers à toute l'Europe, fut cependant le premier dégré de civilisation & de législation de la plupart des peuples du Nord.

(5) On peut fixer l'origine de vos Loix coutumieres dans l'intervalle qui s'écoula depuis le dernier Capitulaire de Charles le Simple, en 921, jusqu'à l'Ordonnance de Philippe-Auguste,

datée de 1190. C'est la premiere qu'on puisse regarder comme un acte de législation qui s'étendît à toutes les provinces du Royaume. Il n'y eut pas d'assemblée générale ou nationale dans tout ce période. Les Rois n'avoient presque plus d'autorité ; les grands Barons, qui s'étoient rendus indépendants, s'emparerent de la puissance législative dans leurs Domaines, & y établirent les Coutumes qui les régissent aujourd'hui. (*Voyez Tome II, page 371 de l'Introduction à l'Histoire de Charles-Quint, par Robertson, in-12. Paris, 1771.*)

(6) En voici une qui est relative à la Pologne. « Boleslas, fils de Micislaw, monta sur » le trône à la mort de son pere (en 1001.) » Il s'efforça d'affermir & d'agrandir sa Nation, » & de la gouverner avec modération & avec équité. » Mais le Clergé catholique enseignant aux fideles » qu'ils devoient, sous peine de l'excommunica- » tion & de la damnation éternelle, avoir une » obéissance passive pour tout ce qu'on leur pres- » crivoit, abandonner aux Prêtres la plupart de » leurs biens, se soumettre sans résistance aux » ordres même injustes & déraisonnables de leurs » maîtres, renoncer à toutes les franchises & » privileges en faveur de leurs chefs & des pro- » priétaires des Fiefs dont plusieurs étoient déja

» des gens d'Eglise, le bas peuple de Pologne » tomba peu à peu dans la servitude; les Pa- » latins usurperent dans ce moment les droits les » plus odieux. » (*Voy. l'Hist. des Gouv. du Nord, Tome 5, page* 220 & 221.)

« Sous l'administration de la Reine Richsa, » veuve de Micislaw, on avoit abusé des ordres » du pouvoir souverain pour commettre toutes » sortes de rapines & de pillages. Après son dé- » part (arrivé en 1041) on ne rechercha pas » même ce prétexte. Les plus redoutables & les » plus puissants des Polonois ne connurent point » d'autre juge que leur épée, Les Palatins & les » Propriétaires des Fiefs exercerent, dès ce mo- » ment, la tyrannie la plus odieuse dans toute l'é- » tendue du Royaume. Le Clergé, pour s'assurer » la possession des grands biens qu'il avoit usurpés, » adopta tous les plans de la Noblesse, & ne » négligea rien pour enlever au peuple tous ses » droits, & se rendre indépendants. » (*Ibid. page* 233.)

« Casimir, (fils de Micislaw & de Richsa) » délivré de tous ses ennemis au dehors, tra- » vailla à la réforme de ses Sujets; mais en » même-temps il resserra les chaînes que le » Clergé leur avoit imposées... Il accorda de nou- » veaux droits & de nouveaux privileges au

» Clergé, & par la médiation des Prêtres, »
» plusieurs Seigneurs. Ainsi les Nobles & le Clergé
» acquirent par l'intrigue, & acheterent avec d
» l'argent ce qu'ils n'avoient pas pu obtenir au-
» paravant par la force & par la violence. »

« Le pieux Casimir étoit disposé à favoriser
» les maisons Religieuses; le Clergé lui arracha
» plusieurs concessions, que ce Monarque n'avoit
» pas droit d'accorder, & que les Prêtres ne
» pouvoient pas accepter. Les fideles devinrent
» des esclaves.... » (*Ibid. page* 240.)

Casimir le Grand tendit une main secourable au peuple. « Quand les habitants de la
» campagne, qu'il aimoit, venoient se plaindre
» à lui des vexations de leurs maîtres, il leur
» disoit toujours : *Vous n'avez donc, ni pierres,*
» *ni bâtons pour vous défendre?* Il leur appre-
» noit par-là qu'on exerçoit sur eux un pouvoir
» usurpé, & qu'ils ne devoient pas le souffrir. »
(*Ibid. page* 313.)

Il les protégea contre l'oppression des Propriétaires des Fiefs, & fit un grand nombre de réglements en leur faveur. « A la vue de tant de
» Loix sages, en faveur de la partie opprimée
» de la Nation, dit le même Auteur, l'insolente
» & stupide Noblesse donna à Casimir le titre
» de

» de *Roi des Payſans*; ſurnom préférable, ajoute-
» t-il judicieuſement, à tous ceux que la flatterie
» accorde aux Princes. » (*Ibid. page* 314.) (*Voyez
auſſi le Chapitre VI du Tome II de l'Etat civil
des perſonnes & de la condition des terres dans
les Gaules, &c.*)

Voici une autre preuve relativement à la Pruſſe & à la Courlande.

« Les Chevaliers Teutoniques, qui en furent
» les premiers Apôtres, leur firent embraſſer à
» coup de ſabre, une Religion ſainte qui ne prêche
» que la douceur & la juſtice; en même-temps
» ils les dépouillerent des droits inaliénables de
» l'homme, & les ſoumirent à l'eſclavage féodal. »
(*Voyez ibid. même Chapitre VI, page* 50, *& la
note tirée du ſixieme Diſcours ſur l'Hiſtoire Eccléſiaſtique, nombre* 13, *de l'Abbé Fleury.*)

Les Conquérants de l'Amérique ſont une nouvelle preuve de cette vérité. Les Eſpagnols, trop peu nombreux pour ſoumettre les habitants de ce vaſte Pays, & ne pouvant eſpérer de les convertir à la Foi catholique, prirent le parti extrême de les exterminer : chacun ſait que cette riche Contrée n'a été conquiſe qu'au profit des Moines & du Clergé. C'eſt là en effet que regne encore dans toute ſa rigueur, le deſpotiſme féodal & ſacerdotal.

(7) Si quelqu'étranger venoit habiter dans le Fief d'un Baron, il étoit obligé, au bout d'un an & un jour, de se reconnoître le Vassal du Baron dans le Territoire duquel il s'étoit fixé. S'il négligeoit cette formalité, il étoit sujet à une amende; & s'il mouroit sans laisser un certain legs au Seigneur du lieu, tous ses biens étoient confisqués.

Les habitants des Provinces maritimes de France, opprimés par l'invasion des Normands, se retirerent dans les Provinces intérieures. Leur infortune ne les sauva pas de l'esclavage dans les Pays où ils se refugierent; ils y devinrent les hommes du Fief; il fallut le concours de la Puissance civile & ecclésiastique pour abolir ce barbare usage. (*Voyez Potgiesserus, de Statu servorum, Liber I, Cap. I, §. 16.*)

(8) Il y avoit en France, depuis la conquête des Francs, jusqu'au rétablissement de l'autorité royale, long-temps éclipsée par le systême féodal, quatre classes différentes de personnes, savoir, les Nobles, les hommes libres, les vilains & les serfs.

Les Romains & les Francs, plusieurs siecles après la conquête, traitoient humainement les esclaves, & en faisoient un meilleur usage. Loin d'appesantir leurs chaînes & d'éteindre leur émulation par la privation de toute propriété, ils l'animoient de tout leur pouvoir; ils favorisoient la population de cette classe d'hommes, par tous les moyens qui pouvoient adoucir leur servitude; ils les unissoient par des mariages, se chargeoient de la nourriture & de l'éducation de leurs enfants; chaque esclave avoit son pécule qu'il avoit la liberté de faire valoir sous certaines conditions. L'un s'adonnoit au trafic, l'autre à quelqu'art méchanique; celui-ci affermoit & exploitoit des terres; tous s'appliquoient à tirer parti de leur industrie qui leur procuroit des douceurs, & les consoloit de la servitude. Ces esclaves, devenus plus aisés par leur travail, achetoient leur liberté, & devenoient citoyens. La société admettoit dans son sein ces nouvelles familles qui réparoient la perte des anciennes à mesure qu'elles se détruisoient.

Il n'en étoit pas de même en France, depuis l'établissement du Gouvernement féodal; je vais en donner la preuve, en rassemblant les dures conditions imposées aux serfs par les institutions féodales.

Les maîtres avoient une autorité absolue sur la personne de leurs serfs; ils avoient même le pouvoir de les punir de mort sans l'intervention d'aucun Juge; ils en jouirent jusque dans le douzieme siecle.

Le livre rouge de la Chambre des Comptes de Paris, cité par D. Carpentier au mot *villani*, porte : « Vous ſavez que la Couſtume de Hainault » eſt que qui tue un vilain, puiſque il eſt Che- » valier, ou fils de Chevalier deſſoubs XXVI ans, » il eſt quietes pour XXVI blancs; ce ſont trente » tournois. »

Les Nobles du Danemarck pouvoient tuer un Payſan ou un Bourgeois, en mettant un écu ſur le cadavre. Frédéric III, pour abolir ce privilège, contre lequel il faiſoit en vain des efforts, ordonna qu'un Payſan qui tueroit un Noble, n'en mettroit que deux.

Il ſurvint enſuite une époque où l'on échappoit au ſupplice, après avoir tué une piece de gibier, en proteſtant que l'on vouloit tuer un ſerf. (*Voyez l'Eſprit des uſages & des coutumes des différents peuples, Livre VIII, Chapitre IV.*)

Il étoit permis d'appliquer les ſerfs à la torture pour les fautes les plus légeres.

Il n'étoit pas permis aux eſclaves, dans les premiers temps de la féodalité, de ſe marier. Les deux ſexes pouvoient ſe mêler enſemble, & même on les y invitoit; mais cette union n'étoit pas réputée mariage; elle étoit appellée *contubernium* & non *nuptiæ* ou *matrimonium*. Cette portion du peuple étoit ſi avilie, que les ſerfs qui vivoient comme mari & femme, n'étoient unis par aucune cérémonie religieuse, & ne recevoient la bénédiction nuptiale par aucun Prêtre.

Lorsqu'on considéra ensuite l'union des serfs comme mariage légal, il ne leur fut pas permis de s'unir sans le consentement exprès de leur maître. Ceux qui osoient s'en dispenser étoient punis très-sévérement, quelquefois même de mort.

Tous les enfants des serfs restoient dans la condition de leurs peres, & appartenoient en propriété à leurs maîtres. Les esclaves ne pouvoient exiger d'eux que la subsistance & le vêtement; tout le profit de leur travail leur appartenoit; & si le maître, par une faveur singuliere, donnoit à quelqu'un de ses esclaves un pécule, ou lui assignoit une somme fixe pour sa subsistance; il n'avoit pas même la propriété de ce qu'il avoit épargné; il ne pouvoit disposer d'aucuns effets par testament.

La longue chevelure étoit une marque de dignité & de liberté. Les esclaves étoient obligés de se raser la tête, pour leur rappeller à chaque instant le sentiment de la servitude.

Ils ne pouvoient pas être admis en témoignage contre un homme libre.

Les *vilains* étoient une autre classe de serfs

plus favorisés ; ils étoient aussi attachés à la glebe ou à une métairie. Le mot *villa* leur a donné le nom de *vilains* : ils différoient des autres esclaves en ce qu'ils payoient à leurs maîtres une rente fixe pour la terre qu'ils cultivoient : lorsqu'ils avoient payé cette rente, tous les fruits leur appartenoient en propriété : cette distinction est établie par Pierre de Fontaines, & par Joinville. (*Vie de saint Louis*, *page* 119, *Edition de Ducange.*) Muratori rapporte plusieurs cas, qui furent décidés conformément à ce principe. (*Antiquit. Ital. page* 773.)

Les hommes libres, attachés à l'Agriculture, sont distingués par différents noms que leur donnent les écrivains du moyen âge ; tels que *arimanni*, *conditionales*, *originarii*, *tributales*.

M. Robertson présume dans son Introduction à l'Histoire de Charles-Quint (*Tome II*) que ces hommes libres attachés à la glebe, possédoient quelque bien en Franc-Alleu, & cultivoient en outre quelque ferme appartenante à des voisins plus riches & pour laquelle ils payoient un revenu fixe, en s'obligeant en même-temps à faire plusieurs petits services, *in prato*, *vel in messe*, *in araturâ*, *vel in vincâ*.

Je trouve que les noms qu'on leur a donnés appuient cette conjecture. Le mot *arimanni* vient probablement de *arare* & de *manu*, ou de *ager*, *agri* & de *manu* ; ce qui ſignifie homme de labour ou homme du champ. *Conditionales*, ce mot peut ſignifier que ces hommes libres s'engageoient cependant ſous certaines *conditions*, à cultiver le champ d'autrui, avec des charges ou ſervices particuliers, tels que ſont aujourd'hui nos Fermiers. *Originarii*, on entendoit ſans doute par ce mot les habitants *originaires*, les deſcendants des Romains qui avoient été ſoumis par les Francs, mais qui n'avoient pas été réduits en ſervitude, comme je l'ai remarqué. *Tributales*, ces hommes libres n'étoient pas tributaires, ils avoient le droit au contraire d'impoſer des *tributs* ſur leurs ſerfs : ſans cela on les auroit appellés *tributarii* ; ou ſi l'on donne au mot *tributales* la même ſignification qu'au mot *tributarii*, ils portoient cette dénomination pour les diſtinguer des cenſitaires *cenſitarii*, dénomination plus particuliérement aſſignée aux eſclaves ; cette explication me paroît vraiſemblable.

Quoi qu'il en ſoit, ils étoient réputés hommes libres, jouiſſoient de tous les privileges attachés à cette condition, & même on les appelloit pour ſervir à la guerre ; honneur auquel un eſclave ne pouvoit prétendre. (*Voyez Muratori, Antiq. Ital. Vol. I, page* 743, *& Vol. II, page* 446. *Voyez Joach. Potgieſſerus, de Statu ſervorum.*)

Cependant ces différences dans les diverses classes des personnes, ne subsisterent plus parmi les habitants des campagnes, après l'établissement du systême féodal; car dès le commencement de la troisieme race, on ne trouve plus, comme je l'ai observé, que des Seigneurs & des serfs.

(9) Les Rois, sous ce regne & les suivants, envoyerent des Commissaires dans les Provinces pour éclairer la conduite des Ducs & des Comtes; ils créerent dans leurs Domaines, des Baillis qui, par l'attribution des cas royaux, devinrent les seuls Juges d'un grand nombre d'affaires, à l'exclusion des Seigneurs particuliers. Ils obligerent ensuite ceux-ci de céder l'exercice de leurs justices à leurs Officiers : les appels de ces Juges devant les Juges royaux, acheverent de détruire la trop grande autorité des justices seigneuriales. « Aussi, dit Loiseau, ce droit de ressort de justice » est-il le plus fort lien qui soit pour maintenir la » souveraineté. » (*Voyez Hist. chronol. du Président Hainault, regne de Louis le Gros.*)

Cependant le droit de justice attaché aux Fiefs, sera toujours un fléau accablant pour l'habitant des Campagnes, sans cesse exposé à la voracité des Praticiens, nommés par les Seigneurs pour rendre la justice dans l'étendue de leurs Domaines. « Ces mangeurs & sang-sues de Vil-

» lage, dit le Jurisconsulte que nous venons de
» citer, savent *alonger pratique;* mais voici le
» comble du mal, c'est que non-seulement la
» justice est longue & de grand cout au village,
» mais, sur-tout, elle y est très-mauvaise, & ce
» pour trois raisons principales.

» La premiere, parce qu'elle est rendue par des
» gens de peu de bonne foi, sans honneur, sans
» conscience; gens qui, dès leur jeunesse,
» n'ayant appris à travailler, ont fait état de vivre
» aux dépens de la misere d'autrui; ou qui,
» ayant consommé leurs moyens, tâchent à se
» recourre sur leurs voisins, par la chicanerie qu'ils
» ont apprise en la plaidant : gens accoutumés à
» vivre en débauche aux Tavernes, où ils s'habi-
» tuent à faire toutes sortes de marchés : gens qui
» s'allient ensemble pour les Villages & les Mar-
» chés, & changent tous les jours de personnage;
» parce que celui qui est aujourd'hui Juge en un
» Village est demain Greffier, & après-demain
» Procureur de Seigneurie en un autre, puis
» Sergent en un autre, & encore en un autre,
» il postule pour les Parties : & ainsi, vivant
» ensemble & s'entr'aidant, ils se renvoient la
» pelote, ou, pour mieux dire, la bourse l'un
» à l'autre, comme larrons en foire. »

» Secondement, quand ils seroient gens de

» bien, (ce qui arrive très-rarement) ce sont » gens non-lettrés, ni expérimentés, qui, sous » prétexte d'un peu de routine qu'ils ont appris » étant records de Sergents, ou Clercs de Procu- » reurs, accommodent ce qu'ils savent à toute » cause, *docti cupressum simulare*, & instruisent » si mal les procès, que bien souvent, après qu'ils » ont traîné un an ou deux devant eux, quand » ils sont dévolus, par appel, devant un Juge » capable, il est contraint de recommencer l'ins- » truction.

» En troisieme lieu, la justice des Villages ne peut » qu'elle ne soit mauvaise, parce que ces petits Ju- » ges dépendent entiérement du pouvoir de leur » Gentilhomme, qui les peut destituer à sa vo- » lonté, & en fait ordinairement comme de ses » valets, n'osant manquer à ce qu'il commande. »

(10) On peut encore compter parmi les causes qui diminuerent le pouvoir des grands Vassaux, les longues guerres que la France eut à soutenir contre l'Angleterre. Leurs possessions furent exposées aux déprédations des troupes mercenaires employées par les deux partis. L'altération de la monnoie, funeste expédient auquel vos Souverains eurent recours, diminua encore le revenu des Barons. Plusieurs grands Fiefs furent réunis à la Couronne par l'extinction des familles qui les pos-

ſédoient ; d'autres, tombant en héritage à des femmes, furent partagés ; d'autres enfin furent démembrés par des donations à l'Egliſe, ou déchirés par des ſucceſſeurs collatéraux. Toutes ces cauſes, agiſſant enſemble ou ſéparément, abaiſſerent la trop grande puiſſance des Seigneurs.

Les Croiſades furent le premier germe de l'affranchiſſement de la ſervitude perſonnelle : le Commerce qu'elles apporterent en Italie, les richeſſes que le Commerce y fit naître, donnerent plus d'énergie aux eſprits, & inſpirerent une paſſion ſi générale pour l'indépendance & la liberté, qu'avant la fin de la derniere Croiſade, toutes les Villes conſidérables de l'Italie avoient acheté des Empereurs beaucoup de priviléges & d'immunités.

Louis le Gros eſt le premier de vos Rois qui accueillit l'idée d'élever, à l'exemple de l'Italie, une puiſſance pour contre-balancer celle des Barons, en accordant de nouveaux privileges aux Villes ſituées dans ſes domaines (1137.)

« Par ces privileges, appellés Chartes de Com-
» munautés, dit M. Robertſon, il affranchit les
» habitants, abolit toute marque de ſervitude, &
» les établit en corporations ou corps politiques,
» qui furent gouvernés par un Conſeil, & des
» Magiſtrats de leur propre choix. Ces Magiſ-
» trats eurent le droit d'adminiſtrer la juſtice dans

» l'enceinte de leur territoire, de lever des taxes, », d'incorporer & de lever la milice de la Ville, qui, » à la premiere requisition du Souverain, se mettoit » en campagne, sous les ordres des Officiers nom- » més par la Communauté. Les grands Barons » suivirent l'exemple du Monarque, & accor- » derent de semblables immunités aux Villes de » leur territoire; ... en moins de deux siecles la » servitude fut abolie dans la plupart des Bourgs » de France. » (*Voyez Tome I de l'Introduction à l'Histoire de Charles-Quint, p. 67 & 68.*)

On trouve dans l'acte d'affranchissement accordé en 1376 aux habitants de Mont-Breton, en Dauphiné, la réunion des concessions que renfermoient les Chartes de manumission : elles répondoient aux quatre principaux inconvénients auxquels les hommes étoient soumis dans l'état de servitude.

1°. On renonça au droit de disposer de leurs personnes, soit par vente, soit par cession.

2°. On leur donna le pouvoir de transmettre leurs effets & leurs biens par testament ou par tout autre acte légal; & s'ils venoient à mourir *ab intestat*, il fut arrêté que leurs biens passeroient à leurs héritiers légitimes comme les biens des autres Citoyens.

3°. On fixa les taxes & les services qu'ils devoient à leur Supérieur ou Seigneur-lige, lesquels étoient auparavant arbitraires & imposés à volonté.

4°. Ils eurent la liberté d'épouser qui ils vouloient, au lieu qu'auparavant ils ne pouvoient se marier qu'à des esclaves de leur Seigneur, & avec son consentement. (*Ibid. Tome II, p.* 157 & 158.) *Voyez aussi l'Histoire du Dauphiné, Tome I, p.* 81.

(11) C'est sous le regne de saint Louis que les affranchissements ont commencé à devenir plus communs. Sa mere y eut beaucoup de part. Voici un acte de fermeté & d'humanité qui fait honneur à la mémoire de cette grande Reine, & qui prouve combien la condition des serfs étoit malheureuse.

« Le Chapitre de Paris avoit fait emprisonner » tous les habitants de Chastenay & de quelques autres endroits pour diverses choses qu'on » leur imputoit, & qui étoient interdites » aux serfs : car c'étoit alors la condition du » peuple, & sur-tout des habitants de la campagne, qu'on vendoit avec les terres ; comme » une maniere de colons affectés, & une dépendance qui en faisoit partie. Une foule de ces » malheureux languissoit donc dans les prisons du » Chapitre, où manquant même du nécessaire pour

» la vie, ils étoient en danger de mourir de
» faim & de misere. Blanche, touchée de com-
» passion aux plaintes qu'elle en reçut, envoya
» demander qu'à sa considération, on voulût bien
» les relâcher sous caution, assurant que de sa
» part elle s'informeroit des choses, & feroit toute
» sorte de justice. Mais le Chapitre, après avoir
» répondu que personne n'avoit rien à voir à ses
» sujets, & qu'il pouvoit les faire mourir, si bon
» lui sembloit, envoya encore prendre les femmes
» & les enfants, qu'il avoit d'abord épargnés,
» puis, en haine de les voir honorés d'une telle
» protection, on les traita de sorte qu'il en mou-
» rut quantité, soit par la faim, soit par l'in-
» commodité qu'ils souffroient du chaud dans un
» lieu à peine capable de les contenir. Blanche,
» indignée d'une action où il n'y avoit pas moins
» d'insolence que d'inhumanité, ne douta pas
» qu'il ne lui fût permis de donner atteinte aux
» droits des particuliers, quand l'abus en étoit si vi-
» sible, & qu'il s'agissoit d'empêcher une injuste
» oppression. Elle se transporta donc, avec main-
» forte, à la prison du Chapitre, dont elle ordonna
» qu'on enfonçât les portes; & comme on pou-
» voit en faire difficulté, par la crainte des cen-
» sures, si communes en ce temps-là, elle y donna
» le premier coup d'un bâton qu'elle tenoit à la

» main : celui-là fut si bien secondé, qu'en un
» instant la porte s'en alla par terre; & l'on vit
» sortir une foule d'hommes, de femmes & d'en-
» fants, avec des visages défigurés, qui, se jet-
» tant à ses pieds, la supplierent de les prendre
» sous sa protection, sans quoi la grace qu'elle
» leur faisoit leur couteroit bien cher. Elle le fit
» en effet, & si bien, qu'après avoir fait saisir les
» revenus du Chapitre, jusqu'à ce qu'il eût rendu
» ce qu'il devoit à l'autorité dont elle étoit dé-
» positaire, (c'étoit dans le temps de sa seconde
» régence) elle l'obligea même d'affranchir ces
» habitants pour une certaine somme d'argent. »
(*Voyez Tome II, page 153 & suivantes de l'Histoire de saint Louis, in-4°. Paris, 1688.*)

(12) Les Seigneurs, avant l'affranchissement, étant chargés de faire subsister leurs serfs, avoient des moulins, des fours, des pressoirs à leur propre usage; mais lorsque la liberté fut rendue à ceux-ci, ils s'en firent un droit lucratif, en exigeant un sixieme, un huitieme des matieres qu'on étoit obligé d'y porter. Ce droit ne fut long-temps que personnel, dans la suite il devint réel. Les biens-fonds y furent assujettis en quelques lieux : c'est ce qu'on appella droit de *bannalité*.

Cette charge dure & exorbitante du droit commun n'étoit considérée, lors de l'affranchissement, que comme une suite naturelle & nécessaire de loix féodales. Ces loix étoient alors tellement respectées, que saint Louis, qui en connoissoit toute l'énormité, n'osa en prononcer l'affranchissement. Trois villages avoient refusé le paiement du droit de bannalité. Ce Prince interposa son autorité & par une Charte de 1258, il permit aux habitants de s'en soustraire en certains cas, mais des conditions très-dures, par exemple, de porter au moulin leur grain sur leurs épaules, &c... (*Voyez page 200 & suivantes du Livre intitulé* Recherches & Observations sur les Loix féodales *par M. Doyen.*)

(13) Les Seigneurs, en cédant les terres dont ils s'étoient déclarés les propriétaires par la force, dans les temps de confusion, n'ont pas cédé à leurs vassaux une propriété absolue, puisque la glebe dépendante de leurs Fiefs, fut grevée d'un droit de rachat à chaque mutation. Ce droit, sous le nom de relief, de lods & vente, &c... n'est pas uniforme dans toutes les Coutumes. Celui que les Seigneurs exigent plus communément est le quint & le requint. Si une terre est vendue cent mille francs, le Seigneur suzerain leve sur le prix vingt mille francs pour le quint, & quatre mille francs pour le requint; le vendeur ne retire que 76,000 livres net de la valeur de sa terre. Le

Suzerain

Suzerain possede encore, après avoir prélevé la somme de vingt-quatre mille livres, le droit éventuel de la prélever à toutes les mutations. Il n'a donc réellement cédé au premier copropriétaire féodal & aux copropriétaires postérieurs que les trois quarts d'une propriété qu'il paroissoit lui avoir cédée en entier, & pour laquelle cession il s'est réservé des droits annuels & des redevances, comme si elle étoit entiere. C'est cette cession illusoire par laquelle le cédant retient le droit de reprendre plusieurs fois dans l'avenir le quart de la chose cédée qui contrarie le plus l'ordre civil, l'émulation & l'amélioration. Car si la terre obtient une plus grande valeur par les mises & par les soins d'un copropriétaire intelligent, le Seigneur vient, lors de la vente, partager avec lui ou ses représentants, le fruit d'une industrie à laquelle il n'a pas coopéré. Ce partage injuste se renouvelle à chaque vente.

On peut estimer, par une appréciation moyenne, qu'il arrive, l'une compensant l'autre, trois mutations en un siecle; chaque siecle présentera le même résultat. Ce droit est exorbitant; il est, par son excès même, opposé aux véritables intérêts des Propriétaires. Il repousse les acquéreurs, & empêche la circulation & le mouvement des terres dans le Commerce : circulation cependant très-désirable pour l'avantage général de la société. Les Seigneurs sont si convaincus que l'exorbitance de ce droit leur est nuisible, qu'ils en temperent eux-mêmes la rigueur pour faciliter & multiplier les mutations.

Comment est-il possible qu'un Gouvernement aussi éclairé que le Gouvernement François, laisse subsister des institutions qui portent si visiblement l'empreinte de la barbarie qui leur a donné naissance ; qui sont si contraires à la véritable propriété, par conséquent à la meilleure culture, source unique des véritables richesses ? Tout conspire à admettre les Propriétaires actuels à racheter, une fois pour toujours, un droit féodal aussi préjudiciable à la prospérité publique. C'est ainsi qu'a pensé Charles-Emmanuel, Roi de Sardaigne, comme on le verra dans la suite de ce Mémoire.

(14) Si l'on considere avec attention quelle a été l'origine & la naissance des sociétés, on verra que les hommes ont d'abord été réunis par quelques-uns d'entr'eux, qui leur ont inspiré la crainte ou l'admiration par la grandeur de leur taille, la force de leur corps, ou leur dextérité à manier les armes. Ce sentiment de leur foiblesse les a rassemblés autour d'eux, & ils ont consenti à vivre sous leur sauve-garde. La force corporelle &

exécutrice a été la premiere cause de cette réunion ; la force législative n'en a été que le lien : mais comme les premieres Loix ont été faites par les premiers chefs, qui ne connoissoient que la force physique, à laquelle ils accordoient exclusivement l'honneur & la distinction, ces Loix ont eu pour unique objet le maintien & l'agrandissement du pouvoir qu'ils avoient acquis par la force : ces Loix ont donc dû honorer d'abord les guerriers : Ceux-ci partageant avec le Chef cette prérogative, ont dû s'associer avec lui pour tenir les autres dans la plus grande dépendance. Telle a été l'origine de cette espece d'aristocratie militaire qui étoit le caractere distinctif du gouvernement des Francs, lorsqu'ils conquirent les Gaules; telle a été aussi, plusieurs siecles après la conquête, l'origine de la servitude personnelle, lorsque le systême féodal eut affoibli & enfin détruit la Monarchie politique.

Ces premieres Loix, loin d'avoir été le développement de la Loi naturelle, & par conséquent d'avoir eu pour objet l'intérêt du plus grand nombre, n'ont favorisé que l'intérêt des chefs & des hommes puissants, de ceux enfin qui avoient le plus à perdre & rien à gagner. L'esprit de ces premieres Loix s'est perpétué d'âge en âge ; & quels que soient les changements que le temps ait apportés dans votre législation, quelles que soient les réformes que la réflexion & les lumieres acquises y aient opérées, cet esprit respire encore tout entier dans le corps de vos Loix ; le fonds n'a pas encore changé ; la base gothique sur laquelle elles sont élevées, est toujours la même ; l'intérêt des puissants y prévaut toujours sur l'intérêt du peuple & de l'Empire ; de sorte que le vœu le plus désirable qu'on puisse faire aujourd'hui pour le bonheur de la France, seroit que le Ciel lui accordât un Législateur philosophe, qui fît l'examen de ces Loix confrontées au droit naturel, & qui les réformât d'après les simples & véritables principes de la morale, de la politique & de la science du Gouvernement. Il sortiroit de ce travail un corps de Loix qui ne feroit pas les hommes les plus heureux, mais qui feroit le plus grand nombre d'heureux. Tel doit être l'objet de toute législation, & tel est le plus haut dégré de perfection où toute institution humaine puisse atteindre.

(15) « L'Abbaye de Pamiers, dont on a fait » depuis un Evêché, avoit été jusqu'alors (en » 1268) sous la protection de Roger, Comte » de Foix, & à des conditions assez dures ; de » sorte que Roger étant mort, les Moines vou- » lurent traiter avec le Roi pour se mettre sous la

» sienne, dans l'espérance de quelque chose de
» plus doux.... Le Roi ne voulut pas la leur ac-
» corder à une meilleure composition : l'Abbé y
» consentit, & lui céda le Château de Pamiers,
» la Seigneurie de la Ville, partie, tant du re-
» venu certain que casuel, & de la justice même,
» avec le droit de faire marcher à la guerre les
» vassaux de l'Abbaye, & d'autres choses de cette
» espece, le tout pour dix ans, pendant lesquels
» le Roi s'obligeoit d'employer ces revenus à la
» défense de l'Abbaye, & puis de remettre le
» tout à l'Abbé. » (*Voyez l'Histoire de saint Louis, Tome II, in-4°. Paris, 1688, page* 546.)

(16) Les Seigneurs qui recevoient des péages pour la sureté, n'étoient garants que des délits commis pendant le jour, parce qu'ils n'étoient tenus de les garder qu'entre deux soleils. Saint Louis le jugea ainsi dans un procès mu, en 1265, entre les Associés d'un Marchand tué & volé proche d'Arras, & le Comte de Saint-Pol, chargé de la garde du chemin où le délit avoit été commis. (*Ibid. page* 470.) *Voyez aussi l'Ordonnance d'Orléans, article* 138, *& l'Ordonnance de Blois, article* 282.

(17) L'incompatibilité du service militaire avec le caractere ecclésiastique, étoit tellement recon-

nue dans les premiers temps, que ce caractere suffisoit pour dispenser de ce service. Plusieurs hommes libres, pour s'en soustraire, se faisoient revêtir d'un titre ecclésiastique. Cet usage devint un abus qu'on crut devoir réprimer. On défendit aux hommes libres d'entrer dans les Ordres sacrés, à moins qu'ils n'en eussent obtenu le consentement du Prince. La raison qu'on donne de ce Réglement, est remarquable : « Car nous savons » que quelques-uns en agissent ainsi, non par » esprit de dévotion, mais afin de se dispenser » du service militaire auquel ils sont tenus. *De* » *liberis hominibus qui ad servitium Dei se tra-* » *dere volunt, ut priùs hoc non faciant quàm à* » *nobis licentiam postulent. Hoc ideò quia audivi-* » *mus aliquos ex illis non tàm causâ devotionis* » *hoc fecisse, quàm pro exercitu aut aliâ functione* » *regali fugiendâ.* » (Voy. Lib. I, Capitul. art. 114.)

Cependant les Ecclésiastiques se familiariserent avec l'idée de concilier les fonctions sacerdotales avec les exercices guerriers : ils oublioient l'esprit de paix de leur profession, & paroissoient eux-mêmes au champ de Mars à la tête de leurs vassaux. *Flammâ, ferro, cæde possessiones Ecclesiarum Prælati defendebant.* (Voy. Guido, Abbas apud du Cange, Brussel, Usage des Fiefs, Tom. I, page 179.)

Les Evêques & les Abbés, qui s'étoient fait des Seigneuries des terres qu'ils tenoient de la libéralité des Rois & des Grands, eurent la vanité de vouloir commander eux-mêmes leurs vassaux, & ne voulurent pas souffrir qu'ils allassent à la guerre sous la banniere du Duc ou du Comte dans le ressort duquel ils étoient compris. Ils devinrent guerriers, entreprenants, usurpateurs, par cela même que leurs propriétés avoient été érigées en Seigneuries ou Fiefs. Ainsi, soit qu'ils eussent pris les armes pour acquitter le devoir de leurs propriétés, ou par orgueil, pour ne pas laisser combattre leurs sujets sous des Commandants étrangers, ou par ambition, pour étendre leurs domaines, il n'en est pas moins vrai qu'ils oublierent la sainteté de leur caractere, parce que leurs propriétés avoient changé de nature, & avoient été revêtues de titres incompatibles avec le Sacerdoce.

A peine Charlemagne fut-il monté sur le trône, qu'il défendit aux Ecclésiastiques de porter les armes. *Hortatu omnium fidelium nostrorum & maximè Episcoporum & reliquorum Sacerdotum, servis Dei per omnia omnibus armaturam portare vel pugnare, aut in exercitum & in hostem pergere, omninò prohibuimus.* (Voy. Capitul. I, art. 1, an. 769.)

Ce Prince réitéra cette défenſe trente-quatre ans après, par un autre Capitulaire de l'an 803. *Volumus ut nullus Sacerdos in hoſtem pergat, niſi duo vel tres Epiſcopi electione cæterorum, propter benedictionem & prædicationem, populique reconciliationem.... hi verò nec arma ferant, nec ad pugnam pergant.... reliqui verò qui ad Eccleſias ſuas remanent, ſuos homines benè armatos nobiſcum, aut cum quibus juſſerimus dirigant.* (Voyez Capitul. VIII, an. 803.)

« Le Clergé, par ſon caractere & ſes fonctions, dit M. Robertſon, (Tome II, page 271) » différoit eſſentiellement des Laïques, & l'ordre » inférieur des gens d'Egliſe formoit une claſſe » entiérement ſéparée des autres Citoyens; mais » les Eccléſiaſtiques en dignité, qui étoient ordinairement d'une naiſſance illuſtre, ſe mettoient au-deſſus de cette diſtinction; ils conſervoient toujours le gout des occupations de » la Nobleſſe; &, malgré les Décrets des Papes » & les Canons des Conciles, ils portoient les » armes, menoient leurs vaſſaux en campagne, » & combattoient à leur tête. Le Sacerdoce leur » paroiſſoit à peine un état diſtinct. »

On étoit tellement perſuadé alors que le droit de porter les armes étoit un des privileges du haut Clergé, que les Evêques & les Abbés regarderent les défenses de Charlemagne, moins comme des Loix qui tendoient à rétablir l'ordre, & à les ramener à la sainteté de leur ministere, que comme une violation de leurs prérogatives. Il fallut que ce Prince, pour désabuser le public, fît connoître les véritables motifs de ces Loix.

C'est ainsi qu'il s'exprime : *Quia instante antiquo hoste audivimus quosdam nos suspectos habere propterea quod concessimus Episcopis & Sacerdotibus ac reliquis Dei servis ut in hostes, nisi duo aut tres electi à cæteris, & Sacerdotes similiter perpauci ab eis electi, non irent, sicut in prioribus nostris continetur Capitularibus ; nec ad pugnam properarent, nec arma ferrent, nec homines tàm christianos quàm paganos necarent, nec agitatores sanguinum fierent, vel quicquam contrà Canones facerent, quod* honores Sacerdotum aut res Ecclesiarum auferre vel minuere eis voluissemus : quod nullatenus facere velle, vel facere volentibus consentire omnes scire cupimus. Sed quanto quis eorum ampliùs suam normam servaverit, & Deo servierit, tanto eum plus honorare & cariorem habere volumus. (*Voyez Capitul. de Baluze, Tom. I, pag.* 410.)

Comment les Canons de l'Eglise & les Décrets des Papes, sur cet objet, pouvoient-ils être respectés, lorsque les Pontifes se mettoient eux-mêmes à la tête de leurs troupes? L'un d'eux reçut une blessure mortelle, en combattant contre les Sénateurs de Rome, qui réduisirent, dans le douzieme siecle, la puissance papale dans des bornes très-étroites. (*Voyez Otto Friginsensis*, *Chron. Lib. VII*, *Cap. XXVII*, & *Robertson*, *pag.* 47, 174 & 271, *Tome II.*)

Les idées étoient tellement confondues à cet égard dans les siecles d'ignorance, que Boniface VIII, qui le premier institua le Jubilé en 1300, affecta de se montrer dans cette cérémonie, tantôt avec les vêtements d'un Pontife, tantôt avec la pourpre des Césars, ayant les brodequins impériaux aux jambes, la couronne sur la tête & le sceptre à la main, & *qu'il tira lui-même du fourreau l'une des deux épées qu'on portoit devant lui.* C'est ce même Boniface avec qui Philippe-le-Bel eut tant de démêlés. Ce Pontife osa le sommer, par son Nonce, *de reconnoître qu'il tenoit du Pape la souveraineté temporelle de son Royaume*; Philippe, pour toute réponse, le chassa de ses Etats. (*Voyez Histoire de France*, *par Velly*, *Tome VII*, *page* 147, 150 & 193.)

(18) Voici ce qu'on lit à l'article de Vienne du premier Décembre 1782, dans le Mercure de France du 28 du même mois : « Le pro» jet qu'on avoit de mettre tous les biens

» eccléſiaſtiques en économats, n'aura, dit-
» on, pas lieu, parce que ſon exécution devien-
» droit trop couteuſe. Les Eccléſiaſtiques con-
» tinueront de les régir; mais ils ſeront obligés
» de fournir tous les ans l'état de leur recette,
» & de verſer une certaine ſomme dans la caiſſe
» eccléſiaſtique. On aſſure que les ſuppreſſions de
» Couvents qui ont été faites juſqu'à préſent,
» ont produit à cette caiſſe vingt-quatre millions
» de florins. »

(19) Le Clergé ne paie au Roi que ſeize à dix-huit millions tous les cinq ans, ce qui ne fait que 3,400,000 livres par an. (*Voyez l'état des revenus du Roi portés au Tréſor-Royal à la fin du Compte rendu en 1781.*) Cependant il faut obſerver que, quoiqu'il n'entre au Tréſor-Royal que trois à quatre millions fournis par le Clergé annuellement, celui-ci leve néanmoins tous les ans dix à douze millions ſur tous les individus eccléſiaſtiques, non compris même la contribution du pays conquis. Mais qu'eſt-ce que cette modique ſomme, en comparaiſon de plus de cinq cents quatre-vingt millions payés annuellement par toutes les autres claſſes de Citoyens, priſes collectivement? Il n'eſt peut-être pas inutile d'obſerver encore que, dans la ſomme de dix à douze millions, il y a ſept à huit millions employés en frais

de recouvrement, d'assemblée, & sur-tout en frais d'intérêts à payer pour les emprunts que le Gouvernement a permis au Clergé de faire pour le fournissement de ses dons-gratuits. Cette permission a augmenté la charge de la génération présente, elle augmentera encore celle de la génération future, si on continue à permettre que la contribution du Clergé se fasse par la voie des emprunts. Les intérêts qu'il paie, mais qui n'entrent pas au Trésor-Royal, s'élevent déja à près des trois quarts de la somme imposée; que sera-ce un jour, si les capitaux empruntés, déja énormes, s'accroissent? Ils s'éleveront peut-être à la valeur des fonds qui en sont les garants, & les fonds, grevés de cette dette immense, seront nuls. Si le Clergé n'avoit pas emprunté, il est évident qu'en levant sur lui-même une taxe de dix ou douze millions, il pourroit en verser presque tout le produit au Trésor-Royal, à l'acquit des dépenses publiques, & cependant les individus ne seroient pas plus chargés qu'ils le sont aujourd'hui; mais telles ont été les combinaisons des générations passées : elles ont adopté le calcul favori des usufruitiers; c'est-à-dire, qu'elles ont pensé au présent, sans s'embarrasser de l'avenir; & pour se dispenser d'une taxe seche qui leur paroissoit trop onéreuse, elles ont préféré la voie des emprunts, qui ne pouvoient devenir une charge sensible que pour les générations futures. Tel est l'abus des emprunts, que nous aurons occasion de développer dans la seconde Partie.

(20) On employa tout, jusqu'aux prétendus miracles, pour déterminer le peuple à payer la dîme au Clergé. Lorsqu'il arrivoit quelque calamité, une inondation, une grêle, une stérilité, on l'attribuoit au refus de la dîme. Le Prince même appuyoit ses Ordonnances sur ces motifs. Voyez le Capitulaire de Francfort, Cap. XXIII, dans Baluze, Tom. I, vous y lirez : *Omnis homo ex suâ proprietate legitimam decimam ad Ecclesiam conferat* : Experimento enim didiscimus in anno quo illa valida fames inrepsit vacuas annonas, à dæmonibus devoratas & voces exprobrationis auditas.

Les Ecclésiastiques feignirent, dans une autre circonstance, qu'il étoit descendu du ciel une lettre de Jésus-Christ. Par cette lettre le Sauveur menace les païens, les sorciers & ceux qui ne paient pas la dîme, de frapper leur champ de stérilité, & d'envoyer dans leurs maisons des serpents ailés pour dévorer le sein de leurs femmes. (*Voyez Baluze, Tome II.*)

On n'employoit pas seulement ces fraudes

pieuses pour obliger le peuple à payer la dîme, mais encore pour engager les Laïques à faire des donations au Clergé. Les Moines, sur-tout, avoient répandu l'alarme parmi les fideles trop crédules. Ils leur avoient fait accroire, par de fausses interprétations de l'Evangile, que la fin du monde approchoit; qu'ils ne pouvoient rien faire de plus agréable à Dieu, pour appaiser sa colere, que de se reconnoître les serviteurs & les vassaux de tel Saint dont ils possédoient les reliques, moyennant un cens annuel & perpétuel, ou de lui faire don d'une partie de leurs biens pour obtenir son intercession à l'heure de la mort, & racheter, par cette donation, la peine due à leurs péchés. Ces actes sont très-communs dans le onzieme siecle. Voici un exemple d'une de ces donations, dont l'acte est d'environ 1093. On le trouve dans le Cartulaire du Monastere de Saint-Marcel-lès-Châlons, en Bourgogne.

Mundi terminum appropinquantes, ruinis crebrescentibus, jam certa signa quæ Evangelicus sermo prædixit, manifestantur. Idcirco ego Durannus, pavens illud tremendi examen judicii, diem qui venturus est velut clibanus ardens, recipiens unusquisque prout gessit, sivè bonum, sivè malum, & reminiscens benignam vocem illam Domini dicentis : Date eleemosinam, & omnia munda sunt vobis, *& iterùm sancta Scriptura alio loco dicit :* Sicut aqua extinguit ignem, illa eleemosina extinguit peccatum. *Ideò cupiens illa incogitabilia evadere tormenta quæ apud inferos præparata sunt impiis, propterea dono aliquid ex rebus hæreditatis meæ Domino Deo, & beato Marcello, Domino meo, suisque Monachis, pro animæ meæ remedio, seu patris ac matris meæ potitione, terminum allodium juris mei, qui est situs in pago Cabillonense, &c. &c.*

(21) Quelle que soit l'opinion du Clergé sur la dîme, il n'en est pas moins vrai que, dans l'origine de la nouvelle Loi, la dîme étoit une oblation volontaire. *In lege gratiæ jugum decimarum Deus abstulit*, dit saint Hilaire sur saint Matthieu. C'est un principe généralement reconnu aujourd'hui, la dîme n'est qu'une offrande libre, une aumône. *Decima*, dit Hincmar, Archevêque de Rheims, *à fidelibus data misericordia.... Eleemosina enim gracè misericordia.*

Charlemagne la rendit obligatoire; mais il faut considérer, 1°. que la Nation ne donna son consentement à l'établissement de la dîme, qu'à condition qu'elle pourroit la racheter; 2°. que le Clergé en étendit tellement la perception depuis cette époque, que cet impôt est devenu exorbitant, & que, quand on supposeroit qu'il fût légal, au moins devroit-on le restreindre à la quotité & à la nature des fruits qui en faisoient originairement l'objet. Or il n'eſt pas douteux que la prétention du Clergé, à cet égard, ne ſoit devenue exceſſive, & que pluſieurs fois la Nation n'ait réclamé contre cet excès. On ne peut pas oublier que Philippe-le-Bel fut obligé de venir, à ce ſujet, au ſecours de ſes peuples. Ce Prince porta en 1303 cette Loi célebre, connue ſous le nom de *Philippine*, par laquelle il voulut contenir les Eccléſiaſtiques dans l'obſervation des anciens uſages. *Seneſcallus ad requiſitionem Conſulum locorum quorumcumque defendat, ipſos Conſules & Univerſitates, & ſingulos à novâ impoſitione ſervitutis faciendâ per Prælatos & alias perſonas Eccleſiaſticas, à novâ exactione decimarum & primitiarum, &c. praſtationis paſſata prout de jure fuerit hactenùs & conſuetum fieri.*

On doit ſe rappeller que lorſque le Décimateur leve la treizieme gerbe, il prend exactement le ſixieme du produit net, & que, par conſéquent, il diminue d'un ſixieme les moyens qu'auroit eus le Laboureur d'améliorer ſa culture, & de payer au Prince ſa quote-part de l'impôt deſtiné au maintien, à l'adminiſtration & à la défenſe de l'Etat.

(22) Le Grand-Duc de Toſcane vient de ſupprimer la dîme dans les lieux où elle n'eſt pas néceſſaire pour l'entretien des Curés. « Le Grand-

» Duc,

» Duc, écrit-on de Florence, a adressé le 4 de » ce mois (Mars) des Lettres circulaires aux » Evêques du Grand-Duché de Toscane, par » lesquelles il leur est enjoint de notifier aux Cu- » rés dont la portion-congrue est portée à 80 scu- » dis, qu'ils ne pourront plus prendre aucune » dîme; mais ceux qui sont au-dessous de cette » somme continueront de la percevoir par des » gens commis à cet effet, jusqu'à ce qu'on ait » trouvé des moyens d'y suppléer. » (*Voyez Mercure de France*, *N°. 15, 1783*, *page 51 de la Partie politique.*)

Ces moyens ne sont pas difficiles à trouver; ils sont sous la main de l'Administration. Il est aisé de charger les propriétés foncieres ecclésiastiques de l'entretien des Curés, & de leur assigner sur ces fonds un revenu honnête, & proportionné à leurs fonctions & à la dignité de leur caractere. C'est la portion du Clergé la plus précieuse, c'est elle qui porte le poids du jour, & c'est elle qui partage le moins les richesses de l'Eglise. La portion-congrue n'étoit, il n'y a pas encore long-temps, que de 300 livres, on l'a portée depuis à 500 livres, il faudroit encore la doubler.

Comparez l'opulence des Chapitres & des Monasteres, relativement aux Chanoines & aux

Moines qui y ſont attachés, avec la modique ſomme accordée aux Curés ; comparez l'utilité des premiers à celle des ſeconds, & vous trouverez que, dans l'état préſent des choſes, les revenus eccléſiaſtiques ſont répartis en raiſon inverſe du bon ſens & de l'équité. Remarquez que je ne fais mention ici que des revenus capitulaires & conventuels, & non des menſes épiſcopales & abbatiales, qui offrent encore des reſſources immenſes pour procurer aux Curés une ſubſiſtance plus aiſée, & pour faciliter l'entiere ſuppreſſion des dîmes.

Il y a encore un autre moyen, puiſé dans la nature même des choſes, que le Roi peut facilement mettre en uſage : il n'y a qu'à ordonner que les Canonicats des Cathédrales & des Collégiales ſoient dorénavant conférés préférablement aux Curés qui auront rempli les fonctions paſtorales pendant un temps qu'on pourroit fixer à 25 ou 30 ans au plus. Cette diſpoſition leur préſenteroit une perſpective conſolante dans leurs travaux, & une récompenſe honnête dans un âge où les hommes ont beſoin de repos, & où ils ont acquis le droit de l'obtenir ; car lorſqu'un Citoyen a conſacré trente années de ſa vie à une profeſſion utile à la ſociété, il a payé ſon tribut ſocial, & doit être quitte envers elle. Pline le

Jeune fait quelque part cette réflexion dans ses Lettres; il appelle cette portion laborieuse de la vie humaine, *Longum ævi spatium*. Cependant il faudroit laisser aux Curés le choix de conserver leur Cure ou d'accepter le Canonicat; car il y a bien des circonstances où le Canonicat ne compenseroit pas la cession qu'ils en feroient.

On a déja procuré aux Professeurs Ecclésiastiques, dans les Universités, le privilege de réclamer des Canonicats par le *Septennium*. Celui qu'on accorderoit aux Curés au bout de vingt-cinq ou trente années d'exercice, seroit au moins aussi raisonnable : car l'institution religieuse & morale vaut bien l'institution littéraire & civile.

Mais on est encore si éloigné de ces principes en France, on y accorde si peu de considération aux Curés, sur-tout aux Curés de campagne, sur les soins desquels repose cependant la premiere éducation de la génération future, la plus noble, la plus importante & la plus utile des fonctions confiées au Sacerdoce; on leur accorde, dis-je, si peu de considération, qu'on a consacré le peu de cas qu'on en faisoit par un usage établi depuis quelque temps, & suivi constamment dans la distribution & la nomination des Bénéfices. Les Curés, depuis ce nouveau régime, ne sont plus censés susceptibles d'être inscrits sur la feuille, par cela même qu'ils ne sont que Curés ; on ne les regarde que comme le peuple du Clergé, comme les journaliers & les manœuvres de la Religion. Plusieurs Pasteurs respectables se sont déterminés à quitter le saint Ministere pour solliciter un Canonicat, ou le vain titre de Grand-Vicaire, afin d'acquérir l'aptitude à la nomination des titres & des graces ecclésiastiques. Peut-on imaginer un principe plus contraire au bon sens, au bon ordre & à une sage répartition des biens de l'Eglise ?

Eh ! qui empêcheroit, pour redonner du lustre à l'état de Curé, d'ordonner qu'aucun Prêtre ne pourroit dorénavant parvenir à aucune dignité de l'Eglise, même à l'Episcopat, qu'il n'eût possédé préalablement, pendant un nombre d'années déterminé, un titre curial, & qu'il n'en ait rempli religieusement les devoirs ? Ne seroit-ce pas ramener le Sacerdoce à son institution primitive, à ses véritables fonctions, enfin au texte & à l'esprit de l'Evangile ?

En finissant cette note, je lis, avec plaisir dans le Mercure de France du 3 Mai 1783, les dispositions d'un Réglement que l'Empereur vient de donner à l'occasion de la nouvelle répartition des Paroisses de Vienne. « Les Canonicats seront » donnés de préférence aux Curés qui auront » bien rempli les fonctions du saint Ministere.

» Il ne sera plus nécessaire, à l'avenir, d'être » noble pour être reçu Chanoine d'une Eglise » Cathédrale, Sa Majesté Impériale ayant sup- » primé l'usage qui avoit existé dans la plupart » des Chapitres, & qui donnoit l'exclusion à » tous ceux qui n'étoient pas Gentilshommes. » (*Voyez article de Vienne, page 4 de la Partie politique.*)

Ce Prince a donné encore depuis un nouveau Réglement pour les Ecclésiastiques chargés du soin des Paroisses : chaque Curé de campagne jouira d'un traitement annuel de 600 florins; le premier Vicaire de 350, & le second de 250. (*Voyez la Gazette de France, N°. 75, article de Vienne du 3 Septembre 1783.*)

(23) On pourroit citer plusieurs exemples du congé féodal accordé pour des motifs beaucoup moins utiles. Ces congés furent très-communs dans le temps des Croisades; vos Rois ne les refusoient pas à ceux qui, ayant pris la croix, mettoient en vente une partie de leurs terres pour se procurer l'argent nécessaire à leurs expéditions. Il y a plus; on dispensa les Croisés de demander le congé féodal à leurs Suzerains; on leur accorda les plus grands privileges, pour exciter les Seigneurs féodaux à prendre la croix. Parmi ces privileges, vous trouverez *qu'ils pouvoient*

aliéner leurs terres sans le consentement du Seigneur supérieur de qui ils dépendoient. (Voyez Tome II, page 98 de l'Introduction à l'Histoire de Charles-Quint, par Robertson.)

(24) Il est important d'observer que, lorsqu'il s'éleve une contestation entre le Seigneur & ses Vassaux, ceux-ci ne trouvent plus de défenseurs dans les grands Tribunaux.

Cette observation n'a pas échappé au Tiers-Ordre de la Ville de Bourg-en-Bresse ; c'est ainsi qu'il s'exprime dans sa Requête, page 25 :

« Les grands Tribunaux, autrefois composés » en mi-partie, & assez indifféremment remplis » par des personnages nobles & roturiers, of» froient à tous les Ordres de l'Etat le précieux » avantage d'être jugés par leurs Pairs ; mais de» puis que les Cours Supérieures ont pris des » Arrêtés pour exclure le Plébéïen de la haute » Magistrature, & qu'en aggravant encore leurs » premiers Arrêtés, elles ont, par des Délibéra» tions nouvelles, déterminé le nombre des gé» nérations de noblesse qui doivent concourir » pour ouvrir aux aspirants la porte des Tribu» naux supérieurs, le Tiers-Ordre, condamné » une humiliation insupportable, & privé de l'es» poir d'être jugé par ses égaux, ne peut plus » dispenser d'élever la voix de la réclamation, » de manifester ses justes alarmes. Peut-il vo

» avec indifférence que la robe s'unissant à l'épée, » & l'épée à la robe, ces deux corps se lient » d'opinion & de sentiment pour donner par-tout » l'exclusion au Tiers-Ordre, & qu'on cher- » che, par ce moyen, à diminuer son influence » dans l'équilibre & la balance de l'Etat? »

» La naissance & la richesse vont donc être » désormais la mesure du mérite que devront » avoir les Magistrats supérieurs pour prononcer » sur la vie, l'honneur & la fortune des Ci- » toyens? Mais supposons qu'après avoir passé au » creuset les titres de noblesse, on s'occupe, dans » un examen sévere, des qualités morales qui » constituent le vrai Magistrat, l'homme ne de- » meurera-t-il pas toujours uni à la personne du » Magistrat? Ce sera toujours le Magistrat Ecclé- » siastique, le Magistrat Noble, le Magistrat Sei- » gneur, qni prononcera dans la cause du Sécu- » lier contre l'Ecclésiastique, du Plébéïen contre » le Noble, de l'Emphytéote contre le Seigneur. » (*Note de l'Editeur.*)

(25) Presque tous les Souverains de l'Europe commencent à reconnoître ces principes.

Les servitudes féodales ont été récemment abolies dans une des Provinces de la Hollande.

« Le patriotisme vient d'offrir au Baron Van der » Capellen Tot de Pol, une médaille d'or. Elle

» lui fut présentée dans un grand repas qui lui » fut donné, & dont les emblêmes de dessert » étoient relatifs à l'abolition des servitudes féo- » dales qu'il a la gloire d'avoir procurée dans la » Province d'Over-Issel.

» Sur la Médaille, on voit la Liberté placée sur » un piédestal, tenant dans sa main droite l'écus- » son du célebre Patriote, surmonté d'une cou- » ronne civique, & dans la gauche un sceptre, » sur lequel est un œil ouvert & rayonnant, image » de la vigilance de tout Régent qui a à cœur le » maintien des droits de sa Patrie. Un Labou- » reur, appuyé sur sa bêche, regarde avec dédain » un joug brisé au bas du piédestal, & dans le » lointain, un cheval, dételé de sa charrette, » broute paisiblement l'herbe d'une prairie qui » avoisine une chaumiere & un château. Au- » devant est écrit : *Suum cuique*; & plus bas, » une houlette, une faulx, un instrument de mu- » sique champêtre, qu'entrelace une guirlande de » fleurs. » (*Voyez le Mercure de France, du 17 Mai 1783, page 135 de la Partie politique.*)

L'Impératrice de Russie vient d'accorder la même faveur à la Livonie. Voici ce qu'on lit à l'article de Pétersbourg du 21 Juillet 1783, dans le Mercure de France du 30 Août de la même année, (*page 194 de la Partie politique.*)

« La Livonie a envoyé des Députés pour re-
» mercier l'Impératrice du Réglement qu'elle a
» bien voulu donner en faveur de ce district.
» Ce Réglement affranchit du lien féodal tous les
» Fiefs qui y sont situés, & les déclare parfaite-
» ment allodiaux; ce qui assure à chacun la libre
» possession de son bien, & prévient quantité de
» différends & de procès dans les familles. »

Le Margrave de Bade vient aussi de supprimer toutes especes de servitudes qui existoient dans ses Etats. (*Voyez la Gazette de France*, *N°. 71*, *article de Francfort*, *du 5 Septembre 1783.*)

ÉDIT DU ROI DE SARDAIGNE,

Pour l'affranchissement des fonds sujets à des devoirs féodaux ou emphytéotiques en Savoie, & autres dispositions relatives à cet objet, aux Fiefs & Emphytéoses, aux dettes des Communautés, & à la réduction des intérêts.

Du 19 Décembre 1771.

CHARLES-EMMANUEL, par la grace de Dieu, Roi de Sardaigne, de Chypre & de Jérusalem, Duc de Savoie, de Montferrat, &c. Les recours qui nous ont été présentés par plusieurs Communautés de notre Duché de Savoie, pour être autorisées à procurer l'affranchissement des fonds qui sont sujets à des taillabilités, lods, cens & autres redevances procédant des Fiefs & Emphytéoses, nous ont déterminé, après les plus exactes recherches & les plus mures considérations sur l'origine, la nature & les effets de ces devoirs, à donner, par une Loi générale, les plus grandes facilités pour les supprimer, sans en exclure ceux qui appartiennent à notre Domaine immédiat, ayant reconnu que tels droits sont onéreux, non-seulement aux débiteurs, mais souvent encore aux Propriétaires, soit par les contestations inséparables des exactions particulieres, soit par les difficultés & les frais de rénovations, qui sont, d'ailleurs, une source continuelle de procès, d'erreurs & d'abus. Nous avons, en conséquence, prescrit des regles pour assurer l'indemnité de notre Domaine, des Seigneurs directs, des Favetiers & des Communautés, auxquelles il sera d'autant plus facile de contribuer au prix des affranchissements, que nous leur permettons de faire des emprunts & de vendre les communaux qui ne leur sont pas nécessaires. Les Seigneurs disposeront librement de ce prix, sauf dans le cas qu'ils soient obligés de l'employer, ce qu'ils pourront faire à leur choix, pourvu qu'il soit approuvé, & au besoin sur les tailles, dont nous démembrons une partie dans ce Duché, pour leur avantage seulement, sans blesser cependant les Loix de notre Domaine. Pour remplir ces importants objets, nous établissons dans notre Capitale de la Savoie une Délégation qui procédera, de la maniere la plus sommaire, sans procès, sans formalités superflues, & avec toute l'activité praticable, tant à l'égard des affranchissements, que pour liquider ce qui reste de dettes aux Communautés, ainsi que la justice l'exige; ce que nous lui commettons spécialement, pour ôter les obstacles qui pourront retarder ces dispositions. Nous jugeons en même-temps convenable d'établir quelque regle touchant les Commissaires, & l'exaction des redevances, par rapport aux fonds qui ne pourront encore être affranchis, & de modérer le taux des intérêts de l'argent, pour le soulagement de nos Sujets & le bien du Commerce & de l'Agriculture, qui sont les objets principaux du présent Edit, par lequel, de notre certaine science & autorité royale, eu sur ce l'avis de notre Conseil, nous ordonnons comme ci-après.

§. I.

Les Villes, Bourgs & Communautés de notre Duché de Savoie qui auront dans leur territoire des personnes ou des biens sujets à des droits seigneuriaux ou emphytéotiques, devront, dans un mois dès la publication du présent Edit, tenir une assemblée générale des Possédants fonds en icelles, par laquelle il leur sera loisible de demander l'affranchissement général de toute taillabilité, des lods, cens, servis, plaids & autres droits de cette nature, auxquels les personnes des habitants, ou les maisons, édifices & bien quelconque du territoire pourroient être assujettis, & ce généralement envers tous les Vassaux & autres personnes ou corps, de quelqu'état ou condition qu'ils soient, qui possedent des Fiefs ou Emphytéoses dans leur territoire; ce que nous leur accordons, outre la liberté que nous avons déja donnée par notre Edit du 20 Janvier 1762, pour l'affranchissement de la taillabilité personnelle; aux dispositions duquel rien n'est censé dérogé par le présent.

§. II.

Si les deux tiers des particuliers possédants-fonds, qui composeront l'assemblée générale, déterminent de s'affranchir, ou si les possesseurs des deux tiers des biens cadastrés le requierent, les Villes, Bourgs & Communautés feront part de la résolution pour l'affranchissement à l'Intendant de la Province, qui le fera, non-seulement notifier aux possesseurs des Fiefs & Emphytéoses, de la maniere portée par nos Constitutions, mais à tous prétendants incertains qui puissent avoir intérêt aux susdits droits, à l'égard desquels, dans les notifications, on comminera la peine d'imposition de silence perpétuel, & ce par le moyen des publications aux lieux accoutumés, tant de la Ville, Bourg ou Communauté qui a demandé l'affranchissement, que de la Ville capitale de la Province. Par lesdites notifications, il sera enjoint aux possesseurs des Fiefs & Emphytéoses, de donner, dans le terme de six mois, quant à ceux qui habitent dans le Duché, & de neuf mois quant à ceux qui en sont absents, un état générique ou spécifique, ainsi qu'ils seront en cas de pouvoir le donner, de leurs Fiefs ou Emphytéoses, & des droits qu'ils prétendent en dériver dans chaque Communauté; lesquels états respectifs seront dressés conformément aux modeles dont on donnera la vision aux Bureaux des Intendances; & cependant il sera défendu d'entreprendre & de poursuivre les rénovations des Fiefs & Emphytéoses dont l'affranchissement aura été demandé.

§. III.

Dans cette Assemblée, on devra aussi nommer deux ou trois sujets, qui seront chargés, en qualité de Procureurs de tous les intéressés, de veiller à leur avantage; & en conséquence, ils seront censés être du corps de la Communauté, toutefois qu'il s'agira de délibérer sur quelqu'objet concernant l'affranchiſſement, & l'on ne pourra rien y conclure ſans l'intervention de deux, au moins, deſdits Procureurs.

§. IV.

S'il arrive que la Délibération ſoit contraire à l'affranchiſſement, l'on devra en détailler les motifs & les raiſons de ceux qui auront été d'un ſentiment contraire, pour en être le réſultat tranſmis à l'Intendant.

§. V.

Les ſuſdits états devront être remis, dans le terme ci-deſſus preſcrit, au Bureau de l'Intendance, qui en fera parvenir un double au Conſeil de la Communauté. Ce Conſeil & tous autres Corps & particuliers à qui il appartiendra, enſuite des publications qui en ſeront faites, ſeront obligés de fournir, dans le terme de trois mois, de toutes leurs oppoſitions : on les tranſmettra, dans huit jours après ledit terme, au Bureau de l'Intendance, qui adreſſera le tout à la Délégation que nous établiſſons dans notre Ville de Chambéry; & au cas qu'il n'y eût aucune oppoſition, ce Bureau en expédiera un certificat, qu'il enverra, avec lesdits états, à la Délégation.

§. VI.

Si les Vassaux ou autres possesseurs de droits féodaux ou emphytéotiques ne remettent pas les susdits états dans le terme prescrit, nous voulons qu'ils soient privés, sans autre, du revenu des Fiefs & Emphytéoses, qui sera appliqué au bénéfice de la Communauté, jusqu'à ce que ces états aient été dressés & remis : & cependant l'Intendant fera prendre, à leurs frais, connoissance de la valeur de ces droits, de la maniere qu'il le jugera convenable, pour qu'ensuite la Délégation puisse, en leur contumace, déterminer, ou le prix de l'affranchissement sur lesdites connoissances, ou de la déchéance de leurs prétendus droits, au cas qu'il ne réussisse pas de les vérifier.

§. VII.

La Délégation sera composée du Premier-Président de notre Sénat de Savoie, & en son absence ou empêchement, du second Président, de l'Intendant-Général de ce Duché, ou de la personne à qui nous commettrons ses fonctions, & des Sénateurs, Roze, Tiollier & Biord, avec l'intervention l'intervention du Sénateur Adami, que nous députons pour, faisant en ce les incombances de notre Procureur-Général, veiller à l'intérêt des Fiefs, & de l'Avocat-Général-Fiscal ou de l'un de ses Substituts, pour l'intérêt des Communautés : laquelle Délégation arbitrera, jugera & décidera sommairement du prix des affranchissements, eu égard, d'un côté, aux revenus que les Fiefs ou Emphytéoses produisent ou pourroient produire étant rénovés ; & de l'autre, aux frais qu'exigent la rénovation, le maintien d'icelle, & l'exaction des droits en dépendants, & généralement à toutes les autres circonstances qu'elle croira devoir être prises en considération, avec pouvoir de déterminer, en même-temps, ainsi qu'elle le trouvera équitable, si le prix de l'affranchissement doit être compté en un ou plusieurs paiements. Elle connoîtra aussi & décidera de toutes les contestations relatives à l'affranchissement, qui pourront s'élever à l'égard des Fiefs & Emphytéoses, lors même qu'ils dépendront de notre Domaine immédiat, lui permettant de subdéléguer dans les Provinces pour lesdites contestations, dans le cas qu'elle le jugera convenable, avec pouvoir encore, lorsqu'il s'agira des Fiefs & Emphytéoses qui prennent sur différents territoires, & que l'une ou plusieurs auront délibéré de les affranchir, d'obliger toutes les autres, ou partie d'icelles, à les affranchir également en ce qui concerne leurs particuliers respectifs : lui conférons, pour tout ce que dessus avec ses annexes, connexes, circonstances & dépendances, toute l'autorité requise, même la sénatoriale & camérale; & voulons que le nombre de trois d'entre lesdits Subdélégués, suffise pour ainsi arbitrer, connoître & décider.

§. VIII.

Lorsque, sur les états donnés par les Vassaux & autres personnes ou Corps, & sur les oppositions qui y auront été faites, la Délégation n'aura pas les connoissances de fait suffisantes pour déterminer le prix des droits féodaux ou emphytéotiques, ou pour résoudre toutes autres difficultés qui pourroient se présenter à l'égard de l'affranchissement, elle s'adressera aux Intendants respectifs des Provinces, pour avoir les informations & éclaircissements ultérieurs qu'elle croira nécessaires, en leur détaillant spécifiquement les prétentions & exceptions respectives des parties intéressées, sur lesquelles il pourroit être juste de les admettre à donner quelques preuves dans un délai convenable, ſans cependant jamais leur permettre de plaider entr'elles.

§. IX.

Si les Communautés conviennent de gré à gré du prix de l'affranchiſſement avec les poſſeſſeurs des Fiefs & Emphytéoſes, on devra également préſenter à la Délégation la convention qui aura été paſſée, pour être approuvée, au cas qu'elle connoiſſe, avec l'intervention de ceux que nous avons commis ci-devant pour les intérêts du Fief & de la Communauté, que cette convention leur eſt reſpectivement avantageuſe.

§. X.

Dès que la Délégation aura arbitré ou approuvé le prix de l'affranchiſſement, elle ordonnera aux Parties de paſſer le contrat en conſéquence dans le terme de cinquante jours; &, en cas de refus de l'une des Parties, elle déclarera y avoir lieu à l'affranchiſſement, moyennant la ſomme & les conditions qu'elle aura jugé à propos de déterminer. Cette déclaration aura force de choſe jugée, & le même effet que ſi le contrat eût été paſſé.

§. XI.

Afin d'épargner, autant qu'il est possible, les frais aux Communautés, en assurant en même-temps les droits de notre Domaine & la libération des Favetiers, nous chargeons le Sénateur que nous avons commis pour veiller à l'intérêt du Fief, de transmettre à notre Procureur-Général les susdits contrats ou déclaratoires, pour être par nous autorisés, s'il s'agit d'affranchissement de droits qui relèvent de notre Couronne.

§. XII.

Les Patentes que nous ferons expédier à cet effet, seront entérinées par notre Chambre des Comptes, sans paiement d'aucun émolument aux Finances, & sans qu'il soit nécessaire de prendre d'ultérieures informations sur les raisons de convenance du prix fixé ou approuvé par la Délégation, comme dessus. Mais la Chambre devra déclarer, à l'occasion de l'entérinement, s'il est loisible au vassal ou autres d'exiger librement ledit prix, moyennant le dédommagement dû, dans ce cas, à notre Domaine, ou pourvoir à la sureté de l'emploi du capital, suivant les circonſtances, ainſi qu'il ſera dit ci-après. Oui ſur ce notre Procureur-Général.

§. XIII.

Nous voulons bien, par un effet de nos graces, & en vue de l'utilité publique qui réſulte de la liberté des fonds, nous départir pour les affranchiſſements qui ſeront par nous approuvés, des droits de lods, *tot quot & quos*, qui pourroient être dus à nos Finances à cette occaſion.

§. XIV.

Si les affranchiſſements ne regardent que les droits qui ne relevent point de notre Domaine, après que notre Procureur-Général aura reconnu qu'il ne peut y avoir aucun intérêt, les ſuſdits contrats ou déclaratoires ſeront, ſans autre, renvoyés à la Délégation pour être exécutés.

§. XV.

Les ſolemnités preſcrites pour les contrats des pupilles, mineurs & autres perſonnes ou corps, quelque privilégiés qu'ils ſoient, qui ont des Adminiſtrateurs, ne ſeront pas néceſſaires lorſqu'il s'agira des contrats d'affranchissement. Il suffira qu'ils soient approuvés par la Délégation, & que le prix en soit placé de la maniere que le Sénat le jugera convenable, ensuite des Conclusions de notre Avocat-Fiscal-Général.

§. XVI.

Les possesseurs des droits féodaux, & même des emphytéotiques, sur lesquels on pourroit avoir établi des primogénitures, fidéicommis ou autres liens, devront aussi recourir au Sénat, afin de rapporter pareil déclaratoire de la libre exaction du prix de l'affranchissement, ou telle autre provision qu'il écherra pour l'emploi dudit prix, & les subrogations qui seront jugées convenables; oui sur ce l'Avocat-Fiscal-Général, sans qu'il soit besoin d'établir à cet effet un curateur pour l'intérêt des substitués nés ou à naître.

§. XVII.

Les Communautés ne pourront livrer le capital du prix convenu ou arbitré, sans les Conclusions de l'Avocat-Fiscal-Général, qui devra le leur permettre, toutefois que les incombances ci-dessus prescrites auront été accomplies, & en se conformant aux Décrets de la Chambre ou Sénat, sous peine d'itératif paiement, à la charge des Administrateurs des Communautés qui paieroient sans y être ainsi autorisés, sauf leur recours, ainsi que de droit, contre la personne qui aura retiré l'argent : défendons à cet effet aux Intendants d'ordonner, de permettre ou d'autoriser ces paiements, sans qu'il leur conste desdites conclusions favorables.

§. XVIII.

Les Communautés seront obligées d'acquitter, en attendant, les intérêts du prix de l'affranchissement, à proportion & dès le temps que le droit d'exiger les servis & autres charges devra cesser. Accordons aux vassaux & autres Seigneurs directs, pour l'exaction desdits intérêts, & dans son temps, des capitaux qui leur seront dus pour les affranchissements, les mêmes privileges qui compétent à nos Finances; de façon que le paiement desdites sommes ne puisse être diminué ni retardé, pour quelque cause que ce soit.

§. XIX.

Si les Propriétaires dudit prix ne rapportent pas, dans l'année, les susdits déclaratoires, les Communautés pourront se libérer en acquérant, au nom des

Propriétaires, une rente sur les tailles, comme ci-après.

§. XX.

Si les vassaux ou autres possesseurs des droits peuvent & veulent exiger librement le prix de l'affranchissement, comme outre les susdits droits, qui seroient dus pour lors, il s'agiroit d'éteindre la nature d'un revenu qui releve de notre Couronne, & de la priver ainsi des lods qui seroient dus dans tous les cas d'aliénation d'icelui à l'avenir, des cavalcades & autres astrictions des Fiefs, ils devront payer, en dédommagement de notre Domaine, la quatorzieme partie du prix de l'affranchissement; & en cas que notre Procureur-Général juge à propos de se prévaloir, dans la suite, du droit de rachat, lorsqu'il nous appartient, le prix des affranchissements qu'ils auront librement retiré, sera précompté sur celui qui devra leur être remboursé.

§. XXI.

Cette finance, que nous avons fait restreindre au point de la pure & équitable indemnité de notre Domaine, devra être liquidée par la Chambre des Comptes, & payée dans la caisse de rédemption, établie par notre Edit du 8 Février 1751, entériné par ladite Chambre le 12 du même mois, pour être employé aux cauſes qui y ſont preſcrites; & moyennant ce paiement, les vaſſaux & autres qui ſeront dans le cas de pouvoir exiger librement le prix des affranchiſſements, ſeront diſpenſés d'en prouver la verſion, & pourront diſpoſer du prix de la maniere qu'ils jugeront convenable, ſans qu'ils ſoient tenus enſuite, pour le montant d'icelui, à aucunes charges de vaſſelage.

§. XXII.

Dans la fixation de la finance, l'on n'aura égard qu'au prix capital des affranchiſſements, ſans y comprendre les arrérages des droits affranchis auxquels notre Domaine n'a aucun intérêt.

§. XXIII.

L'on ne paiera pas cette finance dans le cas que nos Vaſſaux, enſuite des déclaratoires de la Chambre des Comptes & du Sénat, ou de leur gré, placeront le prix des affranchiſſements dans l'acquiſition des tailles que nous démembrons de notre Domaine de la maniere établie ci-après;

voulant que ces tailles qui leur feront aliénées, demeurent subrogées aux droits affranchis, & ainsi assujetties aux mêmes conditions & obligations que ceux-ci pouvoient l'être auparavant.

§. XXIV.

Etant informés que plusieurs de nos Vassaux ont, au préjudice de notre Domaine, affranchi des droits féodaux quelques Communautés & quantité de particuliers, sans avoir obtenu de nous l'autorisation nécessaire, sauf pour la taillabilité personnelle, ainsi que nous l'avons permis, nous voulons bien, par un effet de nos graces, leur remettre toute caducité encourue, & tenir lesdites Communautés & particuliers pour affranchis, à condition que les vassaux, & à leur défaut, les Communautés ou particuliers, obtiennent de nous la convalidation des affranchissements, moyennant l'indemnité de notre Couronne, qui sera arbitrée par notre Chambre des Comptes, & à cet effet nous restituons, en temps & en entier, les uns & les autres, pour recourir à nous dans le terme d'une année, après laquelle notre Procureur-Général procédera pour faire déclarer les peines encourues.

§. XXV.

Nous déclarons exempts de toute finance les affranchissements des droits qui ne relevent pas de notre Domaine.

§. XXVI.

Les principes qui nous ont déterminés à encourager l'affranchissement des Fiefs & Emphytéoses de tous nos vassaux & autres, nous engagent à établir les mêmes règles pour l'extinction des susdits droits, qui sont du Domaine immédiat de notre Couronne; ainsi nous ordonnons aux Intendants respectifs de faire donner à cet effet les états prescrits par le paragraphe II de cet Edit, à la réquisition des Communautés & particuliers intéressés, notre intention étant que la Délégation arbitre pareillement le prix des affranchissements, lequel devra être payé dans la caisse de rédemption, après que nous aurons autorisé cette aliénation par des Patentes, qui seront aussi entérinées par la Chambre des Comptes, sans paiment d'aucun émolument aux finances.

§. XXVII.

Pour faciliter aux Communautés le moyen de procurer les affranchissements des biens de leur territoire, les Intendants leur permettront d'aliéner tous les effets communs qui ne leur seront pas nécessaires, & en ordonneront, même d'office, l'aliénation, lorsqu'ils la jugeront utile aux Communautés, eu sur ce l'avis de l'Avocat-Fiscal-Général, tant à l'égard de la nécessité ou avantage de ladite aliénation, que sur la validité des actes auxquels on aura procédé pour icelle, en observant les formalités prescrites par nos Constitutions, Livre V, Titre 12; à la réserve qu'il sera permis aux Intendants, lorsqu'ils le croiront utile aux Communautés, de faire procéder pardevant eux, & dans les villes de leur résidence, aux encheres & expéditions, quoique les biens soient situés dans le territoire d'autres villes, terres & villages, les contrats seront toujours stipulés pardevant les Intendants, qui, après lesdites Conclusions, expédieront le Décret d'approbation.

§. XXVIII.

Les sommes provenantes desdites aliénations

seront employées au paiement du prix des affranchissements, à condition cependant que les Communautés en seront indemnisées, comme ci-après, par les particuliers qui en ressentiront l'avantage.

§. XXIX.

Nous permettons encore aux Communautés de s'obliger, au nom de leurs habitants ou possédants-fonds dans leur territoire, & d'emprunter les sommes nécessaires pour les affranchissements.

§. XXX.

La Délégation & les Intendants donneront les dispositions les plus efficaces, afin que, dans le terme qui sera jugé convenable, suivant les circonstances, & au plus tard dans celui de dix ans, les Communautés soient remboursées de toutes les sommes qu'elles auront avancées, & qu'elles soient libérées de tout engagement qu'elles auront pris pour les affranchissements. Nous chargeons, en conséquence, les Intendants des Provinces respectives, de répartir, entre les contribuables, à proportion de l'affranchissement qui concerne chacun d'iceux, lesdites sommes & toutes autres qui auront été employées pour cet objet;

& ce à forme des instructions qui leur seront données; leur conférons, à ces fins, l'autorité nécessaire, même la sénatoriale, pour connoître & décider, d'une maniere sommaire, les différends qui pourroient naître à l'occasion de ladite répartition, & de l'exaction des sommes réparties comme dessus.

§. XXXI.

Etant convenable que la Délégation établie par le présent soit informée de la force & des charges des Communautés, & voulant qu'on acheve la vérification de leurs dettes, & qu'on liquide aussi le comptes de l'administration publique pendant la derniere guerre, en évoquant de nouveau à nous la connoissance des causes relatives à ces objets, nous avons déterminé de subroger ladite Délégation aux délégués par notre Edit du 18 Décembre 1740, & Patentes successives, pour qu'elle pourvoie & décide sur la validité des dettes contractées par les Villes, Bourgs & Communautés de Savoie, en observant les dispositions dudit Edit, & qu'elle procede de même, en conformité de nos Lettres-Patentes du 15 Juillet 1750, à la vérification des comptes de l'Administration pendant la derniere guerre. A l'égard cependant de ces objets, il ne sera pas nécessaire qu'il y ait un intervenant à la Délégation, pour faire les fonctions de notre Procureur-Général.

§. XXXII.

Comme nous avions déterminé de racheter des tributs & autres revenus qui se trouvent aliénés à un intérêt qui excede, au préjudice de nos finances, le taux commun d'aujourd'hui de deçà les monts, & que les fonds de la caisse de rédemption ne suffisent pas à ce rachat, que nous ne pouvons par conséquent faire qu'au moyen d'une aliénation & démembrement des tailles; nous avons d'autant plus volontiers choisi pour cette aliénation les tailles de Savoie, que par ce moyen on vient à joindre l'utilité de la Couronne à celle de nos vassaux & autres possesseurs des susdits droits féodaux & emphytéotiques, en leur fournissant un emploi sûr & prompt dont il leur sera loisible de se prévaloir au défaut d'autre emploi qui soit de leur plus grande convenance, pour placer les sommes qu'ils retireront de l'affranchissement d'iceux. A ces fins nous avons démembré & séparé, ainsi qu'en vertu du présent Edit, qui aura force de contrat inviolable, en foi & parole de Roi, en vue de l'utilité évidente de la Couronne, & pour racheter des tributs & autres revenus, principalement ceux qui sont aliénés au-dessus du trois & demi pour cent; nous démembrons & séparons la rente annuelle qui sera nécessaire pour les affranchissements, jusqu'à la concurrence de cent & cinq mille livres sur la taille réelle des villes, Bourgs & Communautés de nos Etats de Savoie, pour être vendue à raison du trois & demi pour cent en faveur de ceux de nos Vassaux, Evêchés, Abbayes, Chapitres, Commanderies, Corps ou particuliers qui affranchiront ou auront affranchi des susdits droits de Fiefs ou Emphytéoses, & qui choisiront d'en placer ainsi les capitaux.

§. XXXIII.

Les aliénations de ladite rente se feront par Patentes signées de notre main, expédiées sans paiement d'aucuns droits dus à nos finances, & entérinées par notre Chambre des Comptes; elles porteront la vente, cession & transport d'une partie de la taille de telles Villes, Bourgs ou Communautés que nos Vassaux & autres quelconques possédants des droits féodaux ou emphytéotiques choisiront, pour l'affranchissement des susdits droits tant seulement.

§. XXXIV.

§. XXXIV.

Le capital de ladite rente sera déboursé entre les mains & sur quittance de notre Trésorier-Général, à qui nous ordonnons de le retenir dans ladite caisse de rédemption, pour être employé au rachat des tributs & autres revenus qui se trouvent aliénés à un taux excédant le trois & demi pour cent. Déclarons qu'après que les paiements en auront été faits entre les mains & sur la quittance dudit Trésorier, les acquéreurs seront censés duement & pleinement libérés, sans qu'ils soient tenus de prouver l'application des sommes qu'ils auront ainsi respectivement déboursées.

§. XXXV.

Nous ordonnons auxdites Villes, Bourgs & Communautés, de faire, aux termes de l'échéance de notre Taille royale, le paiement de la rente susdite aux acquéreurs d'icelle, ou ayant cause, auxquels nous accordons les mêmes privileges qu'ont nos finances, pour l'exaction de ladite taille, avec liberté encore de pouvoir faire compensation de la rente qu'ils auront acquise, avec la taille particuliere à laquelle ils pourront être cotisés dans la même Communauté, & nos Intendants respectifs le feront ainsi ponctuellement exécuter.

§. XXXVI.

Ladite rente, excepté pour les devoirs & charges du Fief, lorsqu'elle devra y être subrogée, ne pourra jamais être sujette à aucune diminution ou imposition nouvelle, quoiqu'établie pour cause de nécessité publique & urgente, ni pour accident de grêle, corrosion, incendie, ou autre particulier aux Communautés sur lesquelles elle sera affectée.

§. XXXVII.

Les acquéreurs de la susdite rente, & leurs successeurs, pourront en jouir pendant tout le temps & de la même maniere qu'ils auroient dû jouir, & pu disposer des droits affranchis, aux termes de notre Edit du 5 Août 1752; & quant à ceux qui choisiront d'acquérir des portions de cette rente, sans être obligés de les subroger à aucun Fief, elles leur seront aliénées en libre & franc Alleu.

§. XXXVIII.

Nous déclarons tous Corps approuvés, & gens de main-morte capables, comme les particuliers, d'acquérir des portions de la susdite rente, pour le montant des affranchissements qu'ils feront, sans payer aucun droit d'amortissement.

§. XXXIX.

Nous réservons néanmoins pour toujours, à notre Procureur-Général, le rachat de ladite rente, moyennant la restitution du capital, qui aura été payée dans notredite caisse de rédemption de la maniere sus-exprimée.

§. XL.

Pour obvier aux abus qui se commettent dans la perception des devoirs féodaux & emphytéotiques, nous voulons que les Exacteurs & Receveurs quelconques des lods, servis & autres redevances, soient obligés de passer quittance aux Favetiers, des sommes ou dentrées qu'ils recevront, en y spécifiant pour quelle cause & pour quelles années ils les auront respectivement percués, sous peine de la restitution de ce qui aura été autrement exigé, sans pouvoir plus le répéter. Chargeons, à cet effet, les Juges respectifs d'y tenir la main, & d'y pourvoir sommairement sur la plainte des Favetiers.

§. XLI.

Outre cette quittance, ils devront noter tous les paiements qui leur seront faits sur un cahier à part, avec les mêmes spécifications, & le nom des Favetiers; ils seront obligés de conserver ces cahiers au moins pendant cinq ans, si dans ce temps l'affranchissement ne pouvoit avoir lieu, ou de les remettre au Propriétaire du Fief ou de l'Emphytéose, qui sera soumis à la même obligation, sous peine de cinquante livres d'amende, tant au Propriétaire qu'aux Exacteurs, qu'ils encourront aussi respectivement, si le cahier n'est pas tenu en bonne forme, ou qu'il soit infidèle; laquelle peine sera applicable, pour un quart, au dénonciateur, le surplus à l'Hôpital de Charité, & au défaut, aux pauvres de l'endroit où la rente s'étend. Le Juge, les Avocats & Procureurs-Fiscaux, respectivement, pourront, à cet effet, demander la vision desdits cahiers; & ces derniers devront faire les instances convenables pour faire déclarer & payer les amendes encourues.

§. XLII.

L'on continuera, en attendant, de payer les lods & demi-lods à la rate accoutumée, dans le cas où ils sont dus suivant l'usage; mais pour les ventes ordonnées dans les causes de discussion, le lod ne sera dû qu'à raison du cinq pour cent du prix.

§. XLIII.

Les gens de main-morte sont obligés de payer, de vingt en vingt ans, les lods d'indemnité aux Seigneurs directs, pour les biens qu'ils possedent, relevant de leurs Fiefs, à la rate accoutumée, sur le prix d'acquisition ou sur la valeur des biens, si le titre est lucratif, & ne porte pas un prix certain en argent. Pour faciliter cependant, à l'égard des Bénéficiers, le paiement de ce lod, & en rejetter la charge sur les possesseurs des Bénéfices, à mesure du temps qu'ils en jouissent, nous voulons qu'ils paient, à la fin de chaque année, un vingtieme de ce lod, qui ne se prescrira que par trente ans, & cette disposition sera observée à l'égard des années écoulées depuis l'échéance du premier lod : à quel effet le possesseur du Bénéfice , outre le vingtieme qu'il paiera désormais à la fin de chaque année ; sera encore tenu de payer en même-temps une somme pour les vingtiemes échus suivant la répartition qui sera faite des années écoulées sur les années qui manquent encore pour faire les vingt ans accomplis , en sorte qu'à la fin de vingt ans tout le lod se trouve payé.

§. XLIV.

Les légitimataires auxquels l'héritier a la liberté de payer la légitime en argent , & les femmes qui sont exclues de toutes successions & droits légitimes , moyennant une dot congrue , sont censés être & avoir été , par raison de leur légitime & dot , respectivement en indivision avec les héritiers, de la maniere & dans le cas où ils l'étoient avant nos Constitutions , suivant les Loix , usages & préjugés , à l'effet d'empêcher les successions annonales , & les commises des biens taillables.

§. XLV.

Aucun Commissaire ne pourra faire , à l'avenir, des rapports , ou autres actes judiciaires , qu'il ne soit approuvé par notre Chambre des Comptes ,

& nous déclarons nuls & de nul effet les rapports & actes judiciaires qui se feront par des Commissaires non approuvés.

§. XLVI.

Quiconque voudra être admis dorénavant à la profession de Commissaire d'extentes, sera obligé de se pourvoir à notre Chambre des Comptes ; & ceux qui l'exercent actuellement sans être approuvés, se présenteront à ladite Chambre dans le terme de six mois, dès la publication du présent Edit, pour être admis à ladite profession ; leur permettons néanmoins de continuer à l'exercer pendant ledit terme.

§. XLVII.

Après toutes ces dispositions, pour libérer les fonds des charges auxquelles ils se trouvent assujettis, & dans les vues de soulager la condition des débiteurs, & de favoriser l'Agriculture, nous défendons d'imposer, à l'avenir, aucune desdites charges, par Emphytéose, ou autre semblable titre, & nous voulons que, dès le jour de la publication du présent Edit, l'intérêt de toutes sommes d'argent, prêtées ou dues, ou que l'on pourroit prêter, ou qui seroient dues, à l'avenir, en vertu de quelques autres contrats, ou autrement, soit réduit & demeure fixe au quatre pour cent, dans toute l'étendue de notre Duché de Savoie, nonobstant les obligations passées, & promesses faites, ou que l'on pourroit faire au contraire; défendant à tous Magistrats & Juges de rendre aucune Sentence de condamnation d'intérêt à un taux plus fort que celui du quatre pour cent, sauf pour les créances des Marchands, Banquiers & Négociants, à forme de nos Constitutions.

Si mandons à notre Sénat de Savoie & Chambre des Comptes, d'entériner le présent Edit, qui devra être publié à la maniere & aux lieux accoutumés, dans toutes les Villes, Bourgs & Communautés de notre Duché de Savoie, pour y être observé selon sa forme & teneur, nonobstant toutes Loix & Constitutions qui pourroient y être contraires; & voulons qu'aux copies imprimées par notre Imprimeur *Gorrin*, foi soit ajoutée comme à l'original; car ainsi nous plaît. Donné à Turin, le dix-neuf Décembre, l'an de grace mil sept cent septante-un, & de notre regne le quarante-deuxieme; *signé* CHARLES-EMMANUEL.

Fin des Notes sur la premiere Partie.

www.ingramcontent.com/pod-product-compliance
Ingram Content Group UK Ltd.
Pitfield, Milton Keynes, MK11 3LW, UK
UKHW022042190726
13855UKWH00002B/383